KB150855

경북의 종가문화 44

도학의 길을 걷다,
안동 유일재 김언기 종가

기획 | 경상북도 · 경북대학교 영남문화연구원
지은이 | 김미영
펴낸이 | 오정혜
펴낸곳 | 예문서원

편집 | 유미희
디자인 | 김세연
인쇄 및 제본 | 주) 상지사 P&B

초판 1쇄 | 2017년 8월 21일

주소 | 서울시 성북구 안암로 9길 13(안암동 4가) 4층
출판등록 | 1993년 1월 7일(제307-2010-51호)
전화 | 925-5914 / 팩스 | 929-2285
홈페이지 | http://www.yemoon.com
이메일 | yemoonsw@empas.com

ISBN 978-89-7646-372-2 04980
ISBN 978-89-7646-368-5 (전6권)

값 22,000원

도학의 길을 걷다,
안동 유일재 김언기 종가

경북의 종가문화 연구진

연구책임자   정우락(경북대 국문학과)

공동연구원   황위주(경북대 한문학과)
                조재모(경북대 건축학부)

종가선정위원장   황위주(경북대 한문학과)

종가선정위원   이수환(영남대 역사학과)
                홍원식(계명대 철학윤리학과)
                정명섭(경북대 건축학부)
                배영동(안동대 민속학과)
                이세동(경북대 중어중문학과)

종가연구팀   김위경(영남문화연구원 연구원)
                이상민(영남문화연구원 연구원)
                이재현(영남문화연구원 연구원)
                최은주(영남문화연구원 연구원)
                황명환(영남문화연구원 연구보조원)
                전설련(영남문화연구원 연구보조원)

경상북도에서 『경북의 종가문화』 시리즈 발간사업을 시작한 이래, 그간 많은 분들의 노고에 힘입어 어느새 46권의 책자가 발간되었습니다. 본 사업은 더 늦기 전에 지역의 종가문화를 기록으로 남겨 후세에 전해야 한다는 절박함에서 비롯되었습니다. 이제는 성과물이 하나하나 결실로 맺어져 지역을 알리는 문화자산으로 자리 잡아가고 있어 300만 도민의 한 사람으로서 무척 보람되게 생각합니다.

경상북도 신청사가 안동·예천 지역에 새로운 자리를 마련하여 이전한 지도 일 년이 훌쩍 넘었습니다. 유구한 전통문화의 터전 위에 웅도 경북이 새로운 천년千年을 선도해 나가는 계기가 될 것이라 확신합니다. 그리고 옛것의 가치를 소중히 하는 경북 전통문화의 중심에는 종가宗家가 있습니다. 우리 도에는 240여 개소에 달하는 종가가 고유의 문화를 온전히 지켜오고 있어 우리나라 종가문화의 보고寶庫라고 해도 과언이 아닙니다.

하지만 최근 산업화와 종손·종부의 고령화 등으로 인해 종가문화는 급격히 훼손·소멸되고 있는 실정입니다. 이에 경상북도에서는 종가문화를 보존·활용하고 발전적으로 계승하기 위해 2009년부터 '종가문화 명품화 사업'을 추진해 오고 있습니다. 그간 체계적인 학술조사 및 연구를 통해 관련 인프라를 구축하고, 명품 브랜드화 하는 등 향후 발전 가능성을 모색하기 위해 노력하고 있습니다.

경북대학교 영남문화연구원을 통해 2010년부터 추진하고 있는 『경북의 종가문화』 시리즈 발간도 이러한 사업의 일환입니다. 도내 종가를 대상으로 현재까지 『경북의 종가문화』 시리즈 46권을 발간하였으며, 발간 이후 관계문중은 물론 일반인들로부터 큰 호응을 얻고 있습니다. 이들 시리즈는 종가의 입지조건과 형성과정, 역사, 종가의 의례 및 생활문화, 건축문화, 종손과 종부의 일상과 가풍의 전승 등을 토대로 하여 일반인들이 쉽고 재미있게 읽을 수 있는 교양서 형태의 책자 및 영상물(DVD)로 제작되었습니다. 내용면에 있어서도 철저한 현장조사를 바탕으로 관련분야 전문가들이 각기 집필함으로써 종가별 특징을 부각시키고자 노력하였습니다.

이러한 노력으로, 금년에는 청송 불훤재 신현 종가, 군위 경재 홍로 종가, 의성 회당 신원록 종가, 안동 유일재 김언기 종가, 고령 죽유 오운 종가, 봉화 계서 성이성 종가 등 6곳의 종가를 대상으로 시리즈 6권을 발간하게 되었습니다. 비록 시간과 예산상의 제약으로 말미암아 몇몇 종가에 한정하여 진행하고 있으나, 앞으로 도내 100개 종가를 목표로 연차 추진해 나갈 계획입니다. 종가관련 자료의 기록화를 통해 종가문화 보존 및 활용을 위한 기초자료를 제공함은 물론, 일반인들에게 우리 전통문화의 소중함과 우수성을 알리는 데 크게 도움이 될 것으로 확신합니다.

한국의 종가는 수백 년에 걸쳐 지역사회의 구심점이자 한국 전통문화의 상징으로서의 역할을 묵묵히 수행해 왔으며, 현대사회에 있어서도 유교적 가치와 문화에 대한 재조명에 주목하고 있는 상황입니다. 그 바탕에는 종가문화를 올곧이 지켜온 종문宗門의 숨은 저력이 있었음을 깊이 되새기고, 이러한 정신이 경북의 혼으로 승화되어 세계적인 정신문화로 발전해 나가길 진심으로 바라는 바입니다.

앞으로 경상북도에서는 종가문화에 대한 지속적인 조사·연구 추진과 더불어, 종가의 보존관리 및 활용방안을 모색하는 데 적극 노력해 나갈 것을 약속드립니다. 이를 통해 전통문화를 소중히 지켜 오신 종손·종부님들의 자긍심을 고취시키고, 나아가 종가문화를 한국의 대표적인 고품격 한류韓流 자원으로 정착시키기 위해 더욱 힘써 나갈 계획입니다.

끝으로 이 사업을 위해 애쓰신 정우락 경북대학교 영남문화연구원장님과 여러 연구원 여러분, 그리고 집필자 분들의 노고에 진심으로 감사드립니다. 아울러, 각별한 관심을 갖고 적극적으로 협조해 주신 종손·종부님께도 감사의 말씀을 드립니다.

2017년 8월 일
경상북도지사 김관용

    최근 들어 종가宗家에 대한 관심이 뜨겁다. 아마도 산업화와
도시화 등에 의해 전통적 가치관과 생활습속이 급속히 사라지는
가운데, 종가에는 그러한 전통성이 비교적 잘 간직되어 있기 때
문일 것이다. 종가를 중심으로 전승하고 있는 일련의 습속을 '종
가문화'라고 통칭하며, 대표적으로 건축문화·음식문화·의례
문화·정신문화 등이 있다. 따라서 종가를 향한 세간의 주목은
엄밀히 말해 '종가문화'에 대한 관심이라고 할 수 있다.

    종가문화는 가통家統, 곧 역사성과 지속성을 지닌 가문의 오
래된 문화전통이다. 그리고 가통의 중심에는 종가를 창설한 불
천위不遷位 시조가 자리하고 있다. 즉, 가통은 가문에 대한 자긍심

이 뒷받침될 때 지속을 담보 받을 수 있는데, 불천위 시조는 그러한 자긍심의 원천이 되고 있는 것이다. 아울러 주목되는 점은 불천위 시조를 향한 자긍심의 중심에 '도덕적 삶'이 자리하고 있다는 사실이다. 실제로 경북지역 불천위 인물들의 면면을 살펴보면, 청렴을 바탕으로 청백리에 녹훈되고, 자기희생적 태도로 백성을 사랑하고, 효심이 지극하여 효행자로 칭송받는 등 훌륭한 덕성에 의해 지역사회의 사표師表가 되는 경우가 대부분이다. 이런 이유로 불천위 인물은 후손을 비롯해 지역민들의 귀감龜鑑이 되고 있으며, 또 이것이야말로 종가문화가 특정 혈통과 가문을 넘어 관심의 대상이 되는 이유라고 할 수 있다.

유일재惟一齋 김언기金彦璣(1520~1588)에게는 '산림처사'와 '진은眞隱'이라는 수식어가 늘 따라다닌다. 실제로 그는 69세의 나이로 눈을 감을 때까지 세속으로부터 벗어난 삶을 살았다. 이를 두고 눌은訥隱 이광정李光庭(1674~1756)은 "명예와 이익에 담백한 삶"이라고 표현했다. 유일재는 42살 무렵 와룡 가야마을에 서당을 지었는데, 궁핍한 살림살이로 인해 봄철에 터를 조성하기 시작해 겨울이 되어서야 비로소 완공했다. 게다가 바람이 불면 지붕의 이엉이 날아가 서까래가 드러날 정도로 허술한 띠집 세 칸의 초라한 건물이었다. 그럼에도 불구하고 서당 문밖에는 배움을 구하고자 찾아온 사람들로 항상 가득했다. 그리하여 그의

「문인록」에는 총 189명의 문하생이 기재되어 있다.

유일재의 장남 갈봉葛峯 김득연金得硏(1555~1637)은 한시 600여 수와 한글 가사 70여 수를 남길 정도로 뛰어난 시인으로 평가받고 있다. 그런가 하면 갈봉 역시 아버지의 뒤를 이어 산림처사로서의 삶을 살았다. 아버지 묘소 아래 연못을 조성한 뒤 '지수止水'라고 명명하고, 연못 위쪽으로 '지수정止水亭'이라는 정자를 세웠다. 이는 곧 아버지에 대한 존경심을 간직하면서 그 삶과 정신을 이어받겠다는 결연한 의지이기도 했다. 실제로 갈봉은 지수정을 중심으로 대부분의 작품 활동을 펼쳤는데, 그의 대표적 국문가사인 '지수정가止水亭歌'도 이곳에서 탄생했다.

아버지 김언기의 삶과 정신에 대한 아들 김득연의 존숭심은 유일재종가의 가통家統 수립을 위한 초석이 되었다. 당시 갈봉이 가슴에 품었던 존숭심은 15대代 종손에 이르기까지 약 500년 동안 지속되고 있다. 그리하여 후손들은 유일재 김언기가 눈을 감은 기일忌日이 되면 그의 삶과 정신을 본받고자 종가로 모여들어 성스럽고 경건한 의식 '불천위 제례'를 거행한다. 이것이야말로 종가문화를 지탱하는 저력이 아닐까 싶다.

유일재종가의 원고 집필을 하면서 만감이 교차했다. 그 이유는 14대 종부 고故 김후웅金後雄(1925~2014) 여사와의 인연 때문이었다. 종부와는 2002년에 불천위 제례를 조사하기 위해 종택 대문을 들어선 이래 수차례에 걸쳐 면담조사를 진행하면서 족친族親이라는 사실을 확인하고는 친밀감이 더해졌다. 그러던 중 2005년 1월에 종가와 가까운 곳으로 직장을 옮기고, 그로부터 한 달 후 어머니가 작고했다. 당시 허전한 마음을 달래고자 퇴근길에 곧잘 종가로 향했다. 종부는 짜장면을 좋아했다. 치아가 성하지 않아 씹지 않고 후루룩 삼킬 수 있기 때문이라고 했다. 그래서 종부와 함께 근처 식당에서 짜장면을 먹고, 겨울에는 안방에서, 여름에는 안채 대청에서 마주보고 누워 이런저런 이야기를 주고받곤 했다. 내 항렬이 종부보다 훨씬 높았던지라, 나는 종부를 '형님!'이라 불렀고 종부는 나를 '할매!'라고 부르면서 놀렸다. 종부에게는 자식이 없었고, 또 공교롭게도 종부는 작고한 어머니와 동갑同甲이었다. 그래서인지 친밀감은 더해만 갔다. 하지만 시간이 지나면서 종부는 점점 수척해갔고 대문을 들어서면 누워있는 날이 더 많았다. 2014년, 병원에 입원했다는 연락을 받고 한걸음에 달려가니 "바쁜 사람이 왜 일부러 왔노?" 하면서 반가워하던 얼굴이 생생하다. 그리고 얼마 지나지 않아 청천벽력 같은 부음을 들었다. 이 책 곳곳에 당시 유일재 종부에게서 전해들은 이야기가 녹아들어 있다. 진심으로 감사드린다. 그곳에서 편히 쉬시길 바란다.

　　15대 종손 김효기金孝基씨의 생부인 김병문金丙文씨는 수십

년 동안 형님인 14대 종손을 대신하여 종손 역할을 수행해오고 있다. 그는 자신의 삶을 숙명으로 받아들이면서 종가문화를 지키고자 열정을 쏟고 있다. 김병문씨와 대화를 나누다보면, 그의 열정은 선조인 유일재 김언기 선생에 대한 존숭심과 자긍심에서 우러나고 있다는 사실을 느끼곤 한다. 따라서 부디 이 책이 유일재종가의 가통家統을 이어나가는 데에 미력하나마 도움이 되기를 바라면서 감사의 마음을 대신하고자 한다.

2017년 6월
김미영

차례

제1장 유일재종가, 오백년의 발자취

1. 풍천 구담에서 와룡 가구로

    유일재惟一齋 김언기金彦璣(1520~1588)는 광산김씨의 후예다. 원래 광산김씨는 전남 광주 일대에 터전을 두고 있었으나 중앙의 관직진출 등으로 서울과 경기 주변에 주로 거주하고 있었다. 유일재 계열의 안동 입향조는 23세 담암潭庵 김용석金用石(1453~1523)으로, 점필재佔畢齋 김종직金宗直의 문인이다. 그는 1498년(연산군 4) 무오사화로 인해 스승인 김종직과 동문수학했던 탁영濯纓 김일손金馹孫·일두一蠹 정여창鄭汝昌·한훤당寒暄堂 김굉필金宏弼 등이 화禍를 당하자 안동으로 피난을 오게 되는데, 당시 풍천 구담리에 세거하고 있던 순천김씨 국담菊潭 김유온金有溫(1367~1437)의 손서孫壻였던 인연으로 그곳에 정착한다. 그런데 김유온 역시 처가

와의 인연으로 구담에 자리를 잡았다. 이와 관련된 내용은 다음
과 같다.

> …… 옛날 상주목사 권집경權執經이 이곳을 지나다가 강산의
> 경치가 아름다움을 탐하여 정착하게 되었다는 기록이 있다.
> 권집경은 충선왕을 따라 원나라에 가서 만권당萬圈堂에서 이
> 제현李齊賢과 독서한 권한공權漢功(?~1349)의 증손자이다. 권
> 집경은 아들 없이 딸만 두었는데 그 사위가 순천김씨 월담 김
> 승주(1354~1424)의 아들 국담 김유온이다. 순천김씨 대동보에
> 도 그가 예조참의로 있다가 장인 권감사를 따라 구담촌에 복
> 거하여 영남사람이 되었다고 기재되어 있다.(서주석, 『안동문화
> 산책』, 이화출판사)

위 내용을 통해 알 수 있듯이, 안동권씨 권집경이 구담에 최
초로 터전을 잡은 뒤 그의 사위인 순천김씨 김유온이 정착을 하
고 김유온의 손서인 광산김씨 김용석이 마지막으로 들어오게 된
다. 그런데 구담리가 위치한 풍천은 김용석의 외가 터전이기도
했다. 그의 아버지 김수金洙는 구담에서 가까운 거리에 위치한 가
일마을의 안동권씨 입향조 권항權恒(1403~1461)의 사위로, 김용석
에게는 외조부가 되는 셈이다. 이처럼 구담에 입향한 이들 모두
가 처가와의 인연으로 세거지를 형성했다는 점이 흥미롭다. 사

구담마을 전경

『영가지』(구담마을)

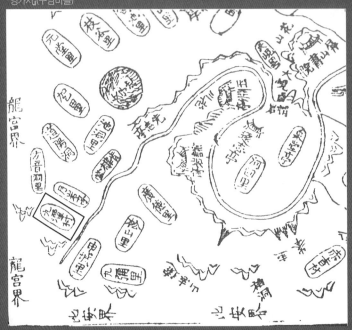

실 이들이 구담에 정착하기 시작했던 15세기 무렵만 하더라도 부계[男系] 중심의 유교적 가족이념이 아직 보편화되지 않았던 관계로, 외손봉사 등을 비롯해 여계[女系] 중심의 거주습속을 흔히 볼 수 있었다.

구담마을은 안동 시가지의 서쪽에 위치한 풍천면에서도 가장 서쪽 끝자락에 자리하고 있다. '구담九潭'이라는 명칭은 마을에 아홉 개의 소沼가 있다는 데서 유래했다. 마을 지명과 관련하여 다음의 이야기가 전한다.

마을에 마음씨 착한 노인과 아들이 살고 있었다. 이들은 살림이 궁색하여 끼니를 거르는 일이 많았고 남의 집 품팔이를 하면서 근근이 생계를 꾸려갔지만 단 한 번도 남의 것을 탐낸 적이 없는 선량한 사람들이었다. 어느 해 심한 가뭄이 닥치자 마을 사람들은 물을 얻기 위해 샘을 파기로 했다. 모든 사람들이 물이 나올 것으로 기대하면서 이곳저곳에 일곱 개의 구덩이를 팠으나 끝내 물은 나오지 않았다. 그런데 구덩이를 파던 중에 노인의 착한 아들이 흙더미에 쌓여 목숨을 잃자 구덩이 파는 일을 중단했다. 하지만 노인은 혼자서 여덟 번째의 구덩이를 파내려 갔는데, 역시 물은 나오지 않았다. 노인은 기진맥진하여 집으로 돌아와서 쓰러져 자는데 홀연히 백발노인이 꿈속에 나타나서는 "뒷산 고목나무 옆으로 100보 떨어진 곳에 구덩이

담암공 유허비

광산김씨 종택 중락당(현 구담정사)

를 파보아라." 하고는 사라졌다. 노인은 다시 기운을 차려 백
발노인이 일러준 곳을 파내려가니 놀랍게도 굵은 물줄기가 솟
아올랐다. 그래서 마을에 못[潭]이 아홉 개 있다고 해서 구담九
潭이라 부르게 되었다.

현재 구담마을에는 순천김씨와 광산김씨가 주로 세거하고
있다. 총 300가구 중에서 순천김씨가 170가구, 광산김씨가 30가
구, 기타 성씨가 100가구 정도이다. 참고로 1935년 조선총독부가
간행한 『조선의 취락』에 따르면, 1930년대 구담마을에는 순천김
씨 120가구, 광산김씨 60가구, 기타 성씨 81가구로, 총 261가구가
거주하고 있었다. 농촌 인구의 일반적인 감소현상과 달리 구담
마을의 경우에는 오히려 증가하고 있는 추세이다. 그 이유는 농
업 위주의 여느 마을에 비해 구담마을은 시장을 중심으로 발달하
여 음식점이나 서비스업 등과 같은 청장년층의 일자리 창출이 비
교적 수월하기 때문이다.

광산김씨 입향조인 김용석은 슬하에 아들 8형제를 두었는
데, 현재 구담마을에는 장남 김황金篁과 7남 김호金篋의 후손들이
살고 있다. 구담에 남아있는 광산김씨의 문화유산으로는 담암공
유허비潭菴公遺墟碑와 추원사追遠祠, 중락당中洛堂(종택 건물의 일부)
등이 있다. 유일재 김언기의 부친인 4남 김주金籌(1493~?)는 퇴계
이황과는 동방진사同榜進士로, 아들 김언기와 함께 구담에서 와룡

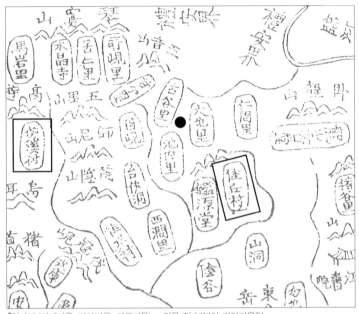

『영가지』(이계마을, 가야마을, 가구마을) – 검은 점 부분이 가야마을임.

이계伊溪로 이거한다. 아쉽게도 이계마을에서의 자료가 전하지 않는 탓에 상세한 내용은 알 수 없지만, 아마도 당시 유일재 김언기는 퇴계 선생으로부터 가르침을 받기 위해 도산에 왕래하고 또 동문들과 서로 종유從遊하며 학문을 강마講劘하기에 비교적 편리한 이계로 옮겼던 것 같다. 이후 김언기는 첫째 부인 영양남씨와 사별하고 가야마을의 영천이씨 참봉 이인필李仁弼(1496~1575)의 딸에게 장가들면서 그곳으로 이거한다.

가야마을 긍구당 전경

　　가야마을은 안동 시가지의 북쪽에 위치해 있으며 사방이 산
으로 싸여 있다. '가야佳野'라는 명칭은 넓고 아름다운 들이 펼쳐
져 있는 데서 유래했다. 대개 첩첩산중에 자리한 마을 중에서 들
이 넓은 곳은 매우 드물다. 하지만 가야마을의 경우 토지가 비옥
하다보니 여느 산촌과 달리 밭농사가 활발한 편이다. 가야마을
에는 안동권씨와 광산김씨가 주로 세거하고 있는데, 늪실[訥谷]은
안동권씨, 개실은 광산김씨의 세거지다. 안동권씨 입향조는 호
양湖陽 권익창權益昌(1562~1645)이다. 그는 1467년(세조 13) 이시애의
난으로 목숨을 잃은 등암藤巖 권징權徵(1426~1467)의 6대손으로, 병
자호란에 의해 나라가 혼란해지자 벼슬길에 나갈 뜻을 버리고 만
년에 늪실로 이거했다. 현재 늪실에는 등암 권징을 불천위로 모

시는 등암종가가 자리하고 있다.

광산김씨는 유일재 김언기가 둘째 부인 영천이씨와 결혼하면서 처가를 물려받아 가야리의 개실에 들어오면서 터전을 마련하게 된다. 김언기의 「행장行狀」에 따르면, 그가 가야에 서당을 짓고 후학들을 양성하기 시작한 것은 42살 되던 해인 1561년(명종16)이라고 하며, 『영가지永嘉誌』에는 "유일재 김언기가 후생을 가르치기 위해 서당을 창건했으나 임진왜란 후 폐기되었다. 그 후 진사 권눌權訥이 원강遠岡으로 옮겨 '원강서당'이라고 했다."라는 기록이 있다. 아쉽게도 현재 서당의 흔적은 남아있지 않다. 그의 「행장」에는 당시의 서당 풍경이 다음과 같이 묘사되어 있다.

> 신유년에 몇 칸의 서사書舍를 지어 '유일惟一'이라 편액을 하고는 날마다 생도들을 가르치니, 생도들이 수없이 모여들어 수용할 수 없는 지경에 이르렀다. 생도들이 머무는 곳을 '관선觀善'이라 이름 짓고, 이를 모두 합하여 광풍헌光風軒이라고 편액을 하였으며, 그곳 앞에 반 이랑의 못을 파고는 '활수活水'라고 하였다. 날마다 여러 학생들과 경전을 강설講說하여 부지런히 힘쓰며 게을리 하지 않았다.

가야마을은 유일재 김언기가 가르침을 받은 퇴계 이황이 살던 도산과 30리 정도 떨어져 있으며, 후조당後彫堂 김부필金富弼

(1516~1577) 등 종형제들의 세거지인 오천烏川과도 산등성이를 사이에 둔 가까운 거리였다. 또 평소 학문적으로 교류가 깊었던 백담栢潭 구봉령具鳳齡(1526~1586), 회곡晦谷 권춘란權春蘭(1539~1617), 송암松巖 권호문權好文(1532~1587) 등의 세거지와도 멀지 않았다. 실제로 유일재 김언기는 안동부사 초간草澗 권문해權文海(1534~1591)에게 보낸 편지「정부백권초간서呈府伯權草澗書」에서 스승인 퇴계에 대한 기억을 "다행히 같은 시대에 태어나고 이웃에서 외람되이 스승으로 모시면서 오래도록 훌륭한 가르침의 감화를 직접 입었으니, 눈을 감고 상상하고 마음으로 사모하면서 마음 안에 일어나는 감흥이 더욱 깊고도 간절합니다."라고 술회하고 있다. 현재 가야마을에는 김언기가 살았던 긍구당肯構堂 건물이 남아있는데, 원래 이 가옥은 김언기의 둘째 부인 영천이씨의 친정인 참봉댁이었다. 김언기가 첫째 부인과 사별하고 영천이씨와 재혼한 뒤 장인에게서 이 집을 물려받은 것으로 전한다. '긍구당' 이라는 당호는 김언기의 차남 만취헌晩翠軒 김득숙金得礒(1561~1589)의 증손자인 김세환金世煥의 호號이다. '긍구肯構' 는 『서경書經』의「대고大誥」편에 나오는 말로, '조상들이 이루어 놓은 훌륭한 업적을 소홀히 하지 말고 길이길이 이어받으라' 는 의미를 담고 있다.

　　현재 유일재종가는 와룡면 가구리에 자리하고 있다. 김언기의 장남 갈봉葛峯 김득연金得硏(1555~1637)은 유일재종가의 혈통을

가구마을 유일재 종택 전경

계승했고, 차남 만취헌晚翠軒 김득숙金得䃤(1561~1589)의 혈통은 김
득숙의 증손자인 가야마을의 긍구당 김세환金世煥(1640~1703)으로
이어 내려갔다. 가구리의 유일재 종택은 원래 순흥안씨 소유의
가옥이었으나, 19세기 초에 김언기의 9세손인 김도상金道常
(1778~1840)이 구입한 것으로 전한다. 가구리에 처음 정착한 성씨
는 안동권씨이며, 이후 15세기 말엽에 순흥안씨 안선손安善孫
(1442~1491)이 권구서權九敍의 사위가 되어 이곳에 터전을 잡았다.
그 뒤를 이어 광산김씨가 입향한 것이다. 그런데 광산김씨 역시
순흥안씨와 혼맥으로 이어져 있다. 김언기의 부친 김주는 가구

리에 세거하고 있던 안처정安處貞의 사위가 되었는데, 안처정의
생부가 가구리의 입향조 안선손이다. '가구佳邱'라는 명칭은 안
선손의 후손인 안제安霽(1538~1602)가 마을 동쪽에 자리한 산의 자
태가 아름답다고 해서 부른 데서 유래한다. 현재 가구마을에는
순흥안씨가 약 50가구, 광산김씨는 10여 가구 거주하고 있다.

2. 종가의 혈통과 계보

　　광산김씨는 신라계 김씨 가운데 경주김씨 다음으로 많은 인구를 차지하고 있다. 신라 왕실의 계통을 잇는 김흥광金興光이 신라 말기 혼란스러운 경주를 떠나 광주光州의 서일동西一洞(지금의 담양군 평장동)에 터전을 잡음으로써 '광산光山'이라는 본本을 갖게 되었다. 조선시대 광산김씨에서 배출된 인물만 하더라도 정승 5명, 대제학 7명, 왕비 1명(인경왕후)이 있으며, 문과 269명, 무과 7명, 사마시 275명, 역과(번역관) 15명, 의과 4명, 음양과(천문지리) 1명, 율과 1명, 주학 19명 등 584명의 과거급제자가 있다.

　　광산김씨는 김흥광의 10세손인 김체金薦의 두 아들 김위金位와 김주영金珠永의 형제 대代에서 크게 두 갈래로 나뉘어져 양대

산맥을 형성하는데, 유일재종가는 김주영과 김광존金光存의 혈통
으로 내려간다. 이후 17세에 이르러 김영리와 김천리의 후손들
이 안동에 각각 입향하는데, 이들이 바로 유일재 계열과 오천군
자리 계열이다.

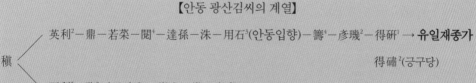

【안동 광산김씨의 계열】

英利²−鼎−若菜−閱⁴−達孫−洙−用石⁵(안동입향)−籌⁴−彦璣²−得研¹ → **유일재종가**

　　　　　　　　　　　　　　　　　　　　　　　得礎²(긍구당)

積

天利⁵−務²(안동입향)−崇之−淮−孝盧

　　　−孝之… 澗 …孝盧−緣−富弼 → 오천군자리

김영리와 김천리 형제의 부친인 김진金稹은 순흥안씨 회헌晦軒 안향安珦의 외손이며 처외조는 안동김씨 상락군上洛君 김방경金方慶이고 장인은 김방경의 사위인 안동권씨 권윤명權允明이다. 물론 김진과 세대가 비교적 멀리 떨어진 김용석은 순천김씨 김유온의 손서孫壻가 됨으로써 풍산 구담에 터전을 마련하였다.

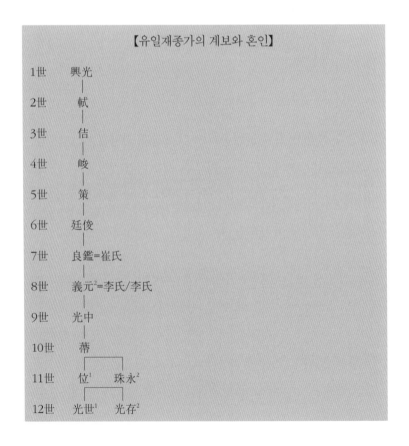

【유일재종가의 계보와 혼인】

```
1世    興光
        |
2世     軾
        |
3世     佶
        |
4世     峻
        |
5世     策
        |
6世    廷俊
        |
7世    良鑑＝崔氏
        |
8世    義元²＝李氏/李氏
        |
9世    光中
        |
10世    蕂
        ┌──┴──┐
11世   位¹    珠永²
        ┌──┐
12世  光世¹  光存²
```

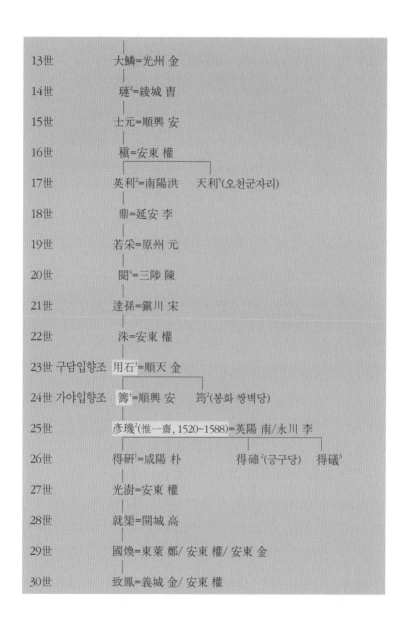

13世	大鱗=光州 金	
14世	璉²=綾城 曺	
15世	士元=順興 安	
16世	積=安東 權	
17世	英利²=南陽洪	天利⁵(오천군자리)
18世	鼎=延安 李	
19世	若采=原州 元	
20世	閱⁴=三陟 陳	
21世	達孫=鎭川 宋	
22世	洙=安東 權	
23世 구담입향조	用石³=順天 金	
24世 가야입향조	籌⁴=順興 安	筠²(봉화 쌍벽당)
25世	彦璣²(惟一齋, 1520~1588)=英陽 南/永川 李	
26世	得硏¹=咸陽 朴	得磪²(긍구당) 得礒³
27世	光澍=安東 權	
28世	就榘=開城 高	
29世	國煥=東萊 鄭/ 安東 權/ 安東 金	
30世	致鳳=義城 金/ 安東 權	

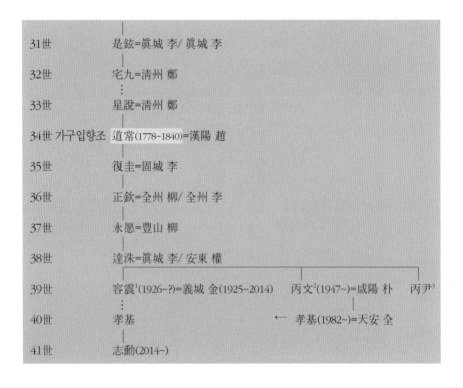

31世	是鉉=眞城 李/ 眞城 李
32世	宅九=淸州 鄭
33世	星說=淸州 鄭
34世 가구입향조	道常(1778~1840)=漢陽 趙
35世	復圭=固城 李
36世	正欽=全州 柳/ 全州 李
37世	永愿=豊山 柳
38世	達洙=眞城 李/ 安東 權
39世	容震[1](1926~?)=義城 金(1925~2014) 丙文[2](1947~)=咸陽 朴 丙尹[3]
40世	孝基 ← 孝基(1982~)=天安 全
41世	志勳(2014~)

　　유일재 계열은 김영리의 넷째 증손자인 20세 퇴촌退村 김열
金閱로 연결되는데, 그는 안동 입향조 김용석의 증조부이기도 하
다. 따라서 유일재종가의 선대 퇴촌공파 파조派祖는 김열이 되는
셈이다. 그리고 구담마을로 들어온 김용석의 아들 8형제 중에서
차남 김균은 봉화 거촌巨村에 정착했는데, 그의 아들이 쌍벽당雙
壁堂 김언구金彦球이다. 현재 후손들이 봉화의 고택을 지키며 살
고 있다.

　　유일재 계열은 넷째 아들 김주로 연결되는데, 아들 7형제 중
에서 차남이 바로 유일재 김언기다. 그는 슬하에 3남 5녀를 두었
다. 장남이 갈봉 김득연이고 차남은 만취헌 김득숙이다. 그리고
셋째 아들 청취헌晴翠軒 김득의金得礒(1570~1625)는 숙부 김언령金彦
玲에게 양자로 들어갔다. 이후 김득연과 그 후손들은 유일재종가
의 혈통을 이어 받았으며, 김득숙은 긍구당의 혈통으로 내려갔
다. 그런데 유일재 계열은 31세 김택구金宅九에 이르러 후사를 두
지 못해 만취헌 김득숙의 8세손 김성열金聖說(1760~1833)을 양자로
삼았다. 아울러 39세 유일재 종손인 김용진은 의성김씨와의 사

갈봉 김득연 묘소

이에 아들을 두었으나 두 돌이 지나기 전에 홍역으로 잃었다. 그
리고 나서 김용진이 한국전쟁 때 월북을 한 뒤 노종부 의성김씨
가 종택을 지켜오다가 2014년에 숨을 거두었다. 지난 2004년에
는 종손 김용진의 아우인 김병문의 아들 김효기를 양자로 맞았으
며, 현재 종가의 혈통은 41세까지 이어지고 있다.

제2장 종가의 인물, 그들의 삶과 생각

1. 유일재 김언기, 산림처사로 기억되다

　　유일재惟一齋 김언기金彦璣(1520~1588)는 1520년 풍천 구담에
서 아버지 김주金籌(1493~?)와 어머니 순흥안씨 사이에서 7형제의
차남으로 태어났다. 구담마을에서 태어난 그는 중년에 와룡 이
계伊溪마을로 이주했으며 만년에 처가인 가야마을에 정착했다.
그리고 그곳에서 서당을 열어 후학을 양성하면서 가까운 벗들과
학문적 교류를 즐기는 삶을 보냈다. 참고로 한국국학진흥원에서
발간된 『국역 용산세고』의 「해제」편에는 김언기의 생애가 다음
과 같이 정리되어 있다.

　• 8세(1528년, 중종 23), 부친 김주金籌가 진사시에 합격했다.

식년시 진사 3등 11위였다. 일찍이 백담 구봉령과 함께 10 년 글공부를 기약하며 청량산에 들어갔다.

- 36세(1555년, 명종 10), 2월 1일 부인 영양남씨와의 사이에서 장남 갈봉 김득연이 태어났다. 12월 6일 영양남씨가 세상을 떠났다.

- 42세(1561년, 명종 16), 서사書舍 여러 칸을 지어 '유일惟一'이라 편액을 명명했다. 부인 영천이씨와의 사이에서 차남 만취헌 김득숙이 태어났다.

- 48세(1567년, 명종 22), 생원이 되었다. 식년시 생원 3등 26위였다.

- 52세(1571년, 선조 4), 영해 향교의 교수敎授에 제수되어 학정學政을 밝혔다.

- 54세(1573년, 선조 6), 7월에 여강서원廬江書院 공사를 시작했다. 사림들이 유일재를 여강 서원의 첫 번째 동주洞主로 삼았고, 백련사白蓮寺를 철거하고 그곳에 서원을 건립했다.

- 54세(1573년, 선조 6), 11월 2일 안동부사 초간 권문해에게 올리는 정초간서呈草澗書를 지었다.

- 60세가 넘었을 때 부친이 세상을 떠나자 슬픔으로 몸을 해쳐 병이 들었다.

- 69세(1588년, 선조 21), 3월 15일 정침에서 눈을 감았다.

『유일재 선생 실기』

그런데 아쉽게도 김언기의 삶을 전체적으로 조명할 수 있는
자료는 그리 많지 않다. 그러다보니 상세한 연보를 제시하기 어
려운 형편이다. 눌은訥隱 이광정李光庭(1674~1756) 역시 김언기의
「행장」을 작성하면서 이러한 어려움을 토로하고 있다.

선생은 타고난 자질이 뛰어나고 이어받은 가르침이 아름다워
진실로 보통 사람과 다른 점이 있었다. 대현大賢께 직접 공부
하고 동문의 여러 뛰어난 분들과 오가며 절차탁마하였으니,
그 학문의 순수하고 깊음과 덕업의 성숙함은 당연히 본말本末
이 있는 것이다. 그런데 남은 문장과 자취가 모조리 사라지고

남은 것이 하나도 없어서 그분의 자취를 살펴볼 수가 없고 지금 남아 있는 것은 정사精舍의 시 한 수와 초간草澗 권문해權文海에게 올린 편지 한 장뿐이다.(『유일재선생일고惟一齋先生逸稿』, 「행장行狀」)

여기서 말하는 한 편의 시란 「제모재題茅齋」로, 1561년 김언기가 가야마을에 정착한 뒤 서당을 세우고 지은 시다. 그런데 이후 후손들이 추가로 발견한 것까지 포함하면 지금까지 알려진 김언기의 작품은 시 9수(8제題), 부賦 1편, 서書 3편, 지識 1편이다. 189명이라는 문하생을 둔 유학자가 남긴 기록치고는 다소 초라한 편이다. 이에 대해 이광정은 다음과 같이 설명한다.

선생이 남긴 행적과 아름다운 말이며 지극한 논설은 본디 현명한 제자와 자제들에 의하여 기록된 것이 당연히 있어야 하는데, 하나도 남아 있는 것이 없다. 생각건대 혹시 선생의 평소 뜻을 알고서 감히 문자로 드러내어 선생이 남긴 경계를 범하지 않으려 해서일까? 아니면 혹시 기록이 있었는데 전쟁과 화재를 겪은 나머지 사라져서 나오지 않는 것일까?

이와 관련해 곡강曲江 배행검裵行儉이 작성한 「유사후서遺事後序」에서도 "선생의 유집遺集은 화재로 타버려 초당을 읊은 시와 편지 한 통만이 남아"라면서 아쉬움을 토로하고 있다. 전하는 말에 따르면 임진왜란 때의 전화戰火로 인해 대부분의 자료가 소실되었다고 한다. 하지만 '한 점의 고기 맛을 보면 솥 안 전체의 고기 맛을 알 수 있다[嘗一臠而知九鼎之味]'고 하듯이 그의 「행장」과 「묘갈」, 그리고 제문 등을 통해 행적과 삶을 더듬어보고자 한다.

1) '진은眞隱'으로 살아가다

김언기는 1567년 48살이라는 비교적 늦은 나이에 생원시에 합격했는데, 이에 대해 눌은 이광정은 「행장」에서 다음과 같이 설명하고 있다.

> 과거에 쓰는 문체에는 남들보다 아주 뛰어나기를 추구하지 않았지만 여러 사람들을 따라 응시하여 향시에 합격했다. 하지만 그때마다 예조의 시험에 합격하지 못하고 48세에 비로소 생원이 되었으니, 명예와 이익에 담백했기 때문이다.

당초 그는 과거시험을 위한 공부에 뜻을 두지 않았지만, 가족을 비롯한 주변 사람들의 권유로 뒤늦게 응시하여 생원시를 통과했다는 내용이다. 이광정은 그 이유를 '명예와 이익에 담백했기 때문'이라고 했다. 그리고는 다음과 같이 덧붙이고 있다.

선생은 돈후하고 진실하여 화려함을 물리쳤고, 명성을 가까이 하지 않은 자취로 몸과 행동을 깨끗이 하여 남이 알아주기를 바라지 않았다. 일용상행日用常行의 준칙에 종사하였을 뿐, 세상 사람들을 놀라게 할 행동은 하지 않으셨다. 은거하고 뜻을 구하여 행실과 덕이 높았으나 세상에 선생의 조예를 아는 이가 드물었다.

김언기의 조부 담암潭庵 김용석金用石(1453~1523)은 연산군의 난정亂政을 지켜보면서 정치에 환멸을 느낀 나머지 안동 구담으로 내려온 뒤 세상에 모습을 드러내는 것을 극도로 꺼려했다. 심지어 임종을 앞두고서는 책상 위의 문적을 모두 불태우고 자손들에게 "사부士夫가 성균관 진사만은 아니할 수 없으나, 대과에는 참여치 말라"는 유언을 남겼다. 따라서 김언기의 은둔적 삶은 조부의 뜻을 따르기 위함이 아니었을까 하는 생각이 든다.

이계마을과 가야마을을 옮겨 다니며 은둔생활을 하던 김언기의 가장 큰 즐거움은 퇴계 문하생들과의 교류였다. 그중에서도 후조당後彫堂 김부필金富弼(1516~1577), 설월당雪月堂 김부륜金富倫(1531~1598), 산남山南 김부인金富仁(1512-1584) 등의 종형제를 비롯해 일휴당日休堂 금응협琴應夾(1526~1596), 면진재勉進齋 금응훈琴應壎(1540~1616), 백담栢潭 구봉령具鳳齡(1526~1586), 송암松巖 권호문權好文(1532~1587), 회곡晦谷 권춘란權春蘭(1539~1617), 지산芝山 김팔원

金八元(1524~1605) 등과 동지계同志稧를 맺어 매달 초하루마다 산사에 모여 학문을 강론하곤 했다. 금응훈이 김언기를 위해 지은 만사輓詞에서 이들 모임에 대한 약간의 정보를 얻을 수 있다.

무오년 현사사에서	戊午玄沙寺
당신의 풍치를 따라 놀았지요.	追隨趨下風
나이가 적고 많은 것 따지지 않고	不計少與長
생각과 취미가 같은 것만을 허여했다오.	唯許氣味同
때로는 술잔을 권해 취하였고	時時醉壺觴
나이를 잊고서 농담을 잘 했지요.	忘形善戲謔
…	…

당시 모임을 가졌던 현사사玄沙寺는 안동 서후면에 위치한 광흥사廣興寺와 더불어 퇴계 문하생들이 즐겨 찾던 곳이었다. 이들은 생각과 취미가 같으면 나이차를 염두에 두지 않고 함께 어울리면서 농담을 주고받는 격의 없는 사이였다. 이들과 김언기가 주고받은 시 가운데 구봉령과 권호문의 작품이 전한다.

같은 고을에서 태어나 나이를 같이한 벗
어릴 적부터 따라다녀 늙어도 그치지 않았네.
강해에서 어느 때 시흥을 일으키겠나

노을 진 오늘에는 눈으로만 노닌다네.

흰 돌 위에 명아주 지팡이 짚은 두 신발

맑은 파도에 노질하는 고깃배 한 척.

나머지 일일랑 어찌 생각이나 하겠는가

깨면 노래하고 취하면 잠자서 마음대로 노니리라.

生同枌社齒同流　　童卝追隨老未休

江海幾時吟裏典　　煙霞今日眼中遊

藜笻白石雙幽屐　　桂棹淸波一釣舟

餘事豈須開算慮　　醒吟醉睡任悠悠

-『백담집』제4권

　　구봉령은 안동 와룡 출신으로, 1560년 별시문과에 급제한 뒤 충청관찰사·대사헌·형조참판 등을 지냈다. 시문詩文에 뛰어났으며 천문학에도 조예가 깊었다고 한다. 위의 시는 김언기와 권춘란, 승려 행순行淳이 백담을 방문했을 때 구봉령이 이들 세 사람에게 지어준 작품이다. 김언기와 구봉령은 어린 시절부터 함께 어울려 다닐 정도로 교류가 깊었다. 특히 1545년 청년기 무렵에는 서로 의기투합하여 10년 글공부를 기약하면서 청량산에 들어가기도 했다. 그러던 중 김언기는 집안에 갑작스런 연고가 생겨 구봉령보다 1년 먼저 산을 내려오게 되었는데, 당시 주변의 바위와 풀, 나무들이 모두 자신이 읽었던 글자로 보였다는 일화가 전한다. 청량산에 들어간 두 사람의 글공부가 얼마나 치열했는지를 엿볼 수 있는 대목이라 하겠다.

벗의 깊은 정에 오늘이 즐거워	故舊深情此日歡
눈 내린 찬 날에 술잔을 서로 권하네.	酒盃相屬雪天寒
헤어지면 꿈속에도 길을 찾을 것이니	分攜有夢應尋路
만 겹의 푸른 산에 눈썹달이 떴네.	萬疊靑山月一彎

－『백담집』제2권

위의 시는 김언기와 권대기權大器(1523~1587), 그리고 안제安霽(1538~1602)와 안담安曇(1543~1622) 형제가 각자 술병을 들고 새로운 거처로 옮겨간 구봉령을 방문했을 때 지은 작품이다. 권대기는 고향인 와룡 이계에 살면서 서당을 세우고 많은 문하생을 양성했는데, 김언기 역시 중년 무렵 이계마을에 거주한 적이 있다. 또한 안제는 현재 유일재 종택이 자리하고 있는 와룡 가구리 순흥안씨 입향조인 안선손安善孫의 후손이다. 그런데 안선손의 생부 안처정安處貞은 김언기의 부친인 김주의 장인이기도 하다. 따라서 김언기와 안제는 인척관계가 되는 셈이다.

성 북쪽에 깊은 산촌 있는데	城北幽村在
병풍을 친 듯 면면이 봉우리네.	屛回面面峯

골이 깊어 시냇물이 끊겼고　　　　　　　　谷深溪勢斷

숲이 감싸 지형이 외지네.　　　　　　　　林擁地形窮

해와 달은 천년토록 밝은데　　　　　　　　日月明千轉

연하에서 몇 번이나 취했던가.　　　　　　　煙霞醉幾重

사립문엔 은일의 흥취 많고　　　　　　　　柴扉多隱趣

이끼 낀 길엔 속세 흔적 적구나.　　　　　　苔逕少塵蹤

시골 노인 살기에 알맞고　　　　　　　　野老猶宜住

시인 또한 용납할 만하네.　　　　　　　　騷人亦可容

그대 지금 십 년간 머물면서　　　　　　　君今留十載

누구와 함께 삼동을 보냈나.　　　　　　　誰與過三冬

…　　　　　　　　　　　　　　　…

평소에 혐의를 피하려 하였으니　　　　　　燕居要避礙

묵상해도 어찌 관공하리오.　　　　　　　靜默豈觀空

과거에 나감을 서둘지 않았고　　　　　　不急趨司擧

농고에게 아첨하기도 싫어했지.　　　　　還嫌媚聾瞽

마음은 담박함을 즐기면서　　　　　　　一心甘淡泊

사중에선 어리석음을 슬퍼했지.　　　　　四重悵倥侗

경전에 마음이 게으를까 근심했고　　　　　經典愁神倦

호사스러움에 귀 밝을까 걱정했지.　　　　繁華患耳聰

염사를 슬퍼하여 원도를 찾았고　　　　　悲絲求遠道

물을 좋아하여 저물녘에 앉았네.　　　　　樂水坐高舂

충고해 줄 좋은 벗을 생각했고　　　　　　忠告思良友
공부에 정진하며 자신을 성찰하였지.　　　精功省厥躬
이웃에 살아도 이삭함이 심하였고　　　　比鄰離索甚
세속 정이 깊어질까 더욱 걱정했네.　　　更恐俗情濃
간절하게 친구를 초청했고　　　　　　　切切招親舊
한가롭게 비복들과 대화했지.　　　　　　閒閒話僕僮
　　　…　　　　　　　　　　　　　　　　　　　…
얼굴 보기 힘듦을 아쉬워하며　　　　　　恨難看白面
다만 스스로 충심을 기억하네.　　　　　　徒自記丹悰
흥이 일어 자주 붓을 놀리지만　　　　　　興動毫煩弄
말만 거창하고 마음에 맞지 않네.　　　　言狂意未融
부모님 뵈러 올 때 내 집에 들러　　　　　過門歸覲日
청총 머무르는 것 잊지 마시게나.　　　　毋負駐靑驄

　　　　　　　　　　　　　　　　- 『송암집』 속집 제1권

　　김언기는 송암 권호문과도 각별한 사이였다. 위의 작품은
권호문이 김언기를 그리워하면서 그의 삶에 대한 자신의 단상을
표현한 작품으로, 5언 116구 580자로 이루어진 장편시다. 전반부
에는 당시 김언기가 살고 있던 마을 풍광 등이 묘사되어 있으며,
중반부에서는 그의 삶이 그려져 있고, 후반부에서는 김언기에 대
한 깊은 그리움을 읊고 있다. "성 북쪽의 깊은 산촌 있는데 병풍

을 친 듯 면면이 봉우리네."라는 내용은, 깊은 산중에 위치한 와룡 가야마을을 연상시킨다. 이어 "시골 노인 살기에 알맞고", "그대 지금 십 년간 머물면서" 등의 내용으로 볼 때 가야마을에 정착한 지 십 년이 흐른 시점인 듯하다. 실제로 김언기는 구담마을에서 태어나 중년 무렵에 와룡 이계마을로 옮겨 살다가 노년이 되어 가야마을에 자리를 잡았다.

또 권호문의 눈에 비친 김언기는 '혐의와 아첨을 멀리하면서 편안함과 사치함을 구하지 않고 오로지 학문과 자기성찰에만 힘을 쏟는' 삶을 보낸 것으로 묘사되어 있다. 그야말로 순수처사로서의 삶 그 자체였던 것이다. 그리고는 '얼굴 보기 힘든 것이 아쉬운 나머지 자주 붓을 놀리지만 말만 거창하고 마음에 들지 않아'라고 하며, 자주 만나지 못하는 아쉬움을 시로 달래보지만 이들 모두 소용없기에 '부모님 뵈러 올 때 내 집에도 들러 달라'고 당부한다. 권호문은 서후면 출신으로 퇴계 문하생 가운데 대표적인 처사로 손꼽힌다. 당시 김언기가 거주하던 와룡 가야마을에서 부모님이 계시는 풍천 구담마을로 가기 위해서는 서후를 거쳐야 하므로 지나가는 길에 들러주기를 요청했던 것이다. 중년이 되어 구담마을에서 이계마을로, 그리고 노년에 이르러 가야마을에 정착한 김언기는 도산에 계신 퇴계를 찾아뵈며 가르침을 구하고, 친한 벗들과 교류를 하고, 서당을 지어 후학을 양성하는 삶을 보낸다. 이광정은 「행장行狀」에서 가야마을에서의 김언기의 삶을 다음과 같이 묘사하고 있다.

> 선생은 용모가 헌걸차고 엄정하며 확실하여 기쁨과 노여움을
> 얼굴에 드러내지 않으니, 촌로村老들이 서로 "우리들은 이 어
> 른이 실없이 웃는 모습을 본 적이 없다."라고 하였다. 평소에
> 말없이 차분하니 부녀자와 아이들이 두려워하여 감히 가까이
> 하지 못하였다. 그러나 남을 대할 적에는 너그러우면서도 용
> 의容儀가 있어 온화한 기운이 따뜻하니 어진 이들은 사랑하여
> 공경하고 어리석은 이들은 보고 느끼는 것이 있었다. 일을 만
> 나면 급박하지 않게 차분히 처리하여 그때마다 의리에 맞으
> 니, 고을에 큰일이 있으면 번번이 선생에게 나아가 여쭈어 질
> 정하였다.

내용을 보듯이 노년의 김언기는 온화함과 너그러움을 지니
면서도 위엄과 의리를 갖춘 인물이었다. 이런 이유로 마을사람
들 역시 문제가 발생하면 가장 먼저 그에게 달려가 해결책을 모
색하곤 했다.

2) 가르침을 구하고자 구름처럼 모여들다

김언기의 「문인록」에는 총 189명의 문하생이 기재되어 있

『모재시첩』에 수록된 「제모재題茅齋」

다.(부록 참조) 이들 대부분은 가야마을의 서당을 거쳐 간 인물들이다. 김언기는 1561년 42살 되던 해에 세 칸 남짓의 서당을 지어 '유일재惟一齋'라 편액하고는 후학을 양성했다. 그리고 문도들이 수학하는 공간을 '관선觀善'이라 명명하고, 건물 전체를 일컬어 광풍헌光風軒이라고 편액했다. 또 서당 앞에 작은 연못을 파서 '활수活水'라고 이름 붙였다. 그는 서당을 완공하고 나서 「제모재題茅齋」라는 시를 지었다.

계획이 졸렬하여 몇 칸 집 이루기 어려우니

봄날에 터 닦고서 추운 겨울 지났네.
겹 이엉이 바람에 날려 서까래 드러나고
흙벽돌은 얼어버려 벽이 마르지 않네.
달빛은 빈 처마로 들어와 평상 훤히 비추고
성긴 문에서 나온 푸른 연기는 산에 이어졌네.
비록 몹시 쓸쓸하지만 내 오히려 즐거우니
몸과 마음 모두 한가하기 때문이라네.

謀拙難成屋數間   開基春日涉冬寒
重茅風散椽全露   塼土氷凝壁未乾
月入虛簷明照榻   烟生疎戶翠連山
蕭條雖甚吾猶樂   爲是身心兩得閑

봄철에 서당 터를 조성하기 시작해 겨울이 되어서야 마침내 완공했다. 하지만 궁핍한 살림살이로 인해 재원이 넉넉하지 않아 지붕의 이엉이 바람에 날아가 서까래가 드러날 만큼 허술한 띠집 세 칸의 건물이었다. 그러다보니 서당 운영에도 어려움이 많았다. 문하생인 오봉梧峰 신지제申之悌(1562~1624)의 「행장」에 당시의 일화가 전한다.

오봉이 유일재 선생으로부터 가르침을 받을 때 문하생 70여 명이 번갈아가며 땔감을 구해 불을 지피는 일을 맡았다. 하루는 권태일·박의장과 함께 땔감을 구하러 갔는데, 마침 한 노인이 산에서 나무를 하고 있었다. 오봉은 벗과 함께 그 노인에게 땔감을 얻고자 했다. 그러자 노인이 내키지 않은 표정을 짓다가 험한 말을 뱉어냈다. 이에 격분한 친구가 노인을 밀치는 바람에 노인이 그만 낭떠러지로 떨어져 죽게 되었다. 이에 노인의 아들이 관가에 고소해 밀친 친구가 잡혀갔다. 오봉은 다른 벗들에게 "우리 세 사람이 함께 갔으니 한 사람에게 죄를 씌울 수는 없다."라고 하며 함께 관가로 달려가서 서로 자신이 밀쳤다고 주장했다. 이 모습을 묵묵히 지켜본 수령은 노인의 자식에게 "이 세 명은 훗날 재상감이다. 네 아비의 죽음은 안타깝기 그지없지만 한 번 용서하도록 해라."며 타일렀고, 오봉 일행에게는 노인의 장례를 함께 치러줄 것을 명했다. 그리고는 관아용 땔감[柴炭] 가운데 서실書室 근처에서 거둬들이는 것을 서실에 제공함으로써 유생들이 땔나무를 하는 수고를 30년 동안 덜어주었다.

문하생들이 교대로 땔감을 마련할 정도로 곤궁했지만, 나날이 모여드는 유생들로 인해 문 밖에는 신발이 항상 가득했다고 한다. 또 형편이 여의치 않아 수업료를 지참하지 않은 사람에게도 가르침을 마다하지 않았다. 다음의 시는 당시 김언기의 궁핍한 삶을 잘 말해주고 있다.

『용산고적龍山古蹟』(김언기의 문인록이 실려 있음)

쓸쓸하게 사는 삶이 노위처럼 비슷한데	生事蕭疏魯衛間
그대 집이 가난한 내 집과 무엇이 다른고.	君家何異我家寒
그대는 날마다 끼니 잇기 어려워 근심하고	君愁日日炊難繼
나는 침상마다 새는 비 마르지 않아 탄식하네.	我歎床床漏未乾
그대는 정자가 있어 경침警枕을 벨 수 있고	君有亭臺能壓頴
나는 글재주 없어 산에 숨을 수 있네.	我無文字可藏山
많고 적음을 따질 필요 없이	思量不必較多少
태평한 시대에 한가함을 함께 기뻐하노라.	共喜清時得一閑

    안동 내앞[川前]에 살고 있던 의성김씨 청계종가의 약봉藥峯 김극일金克一(1522~1585)이 김언기의 「제모재題茅齋」에 차운한 시다. 김극일은 '끼니를 근심하는 자네와 지붕에서 비가 새는 것을 걱정하는 나'는 같은 처지라면서 '많고 적음을 따지지 말고 한가함을 누리고 살자'고 한다. 비록 궁색한 형편이지만 넉넉한 여유로움을 즐기자는 뜻이다.

    189명의 문하생 가운데 대표적 인물은 비지賁趾 남치리南致利(1543~1580) · 지헌芝軒 정사성鄭士誠(1545~1607) · 북애北厓 김기金圻(1547~1603) · 옥산玉山 권위權暐(1552~1630) · 청신재淸愼齋 박의장朴毅長(1555~1615) · 오봉梧峯 신지제申之悌(1562~1624) · 장곡藏谷 권태일權泰一(1569~1631) 등이다. 문하생들의 거주지별 분포는 안동 132명, 영주 16명, 영덕 13명, 의성 8명, 봉화 7명, 청송 5명, 예천 2명, 군위 2명, 영양 1명, 미상 3명 등이다. 안동 출신이 약 70%로 가장 많고 다음으로 영주와 영덕 순이다. 조선사회의 학파가 주로 지역 중심으로 형성되듯이 김언기의 문하생 역시 안동문화권에서 크게 벗어나지 않고 있다. 성씨별 분포는 다음 페이지의 표와 같다.

    가장 많은 성씨는 안동권씨로, 27명에 이른다. 이들의 세거지는 김언기가 살았던 가야마을 일대가 압도적으로 많으며, 또 17명의 영양남씨는 김언기가 영해교수로 관직생활을 했던 영해 출신들이 대부분이다. 그리고 광산김씨는 김언기가 출생한 구담

성씨별	성씨 수	문인수
안동권씨	1	27명
영양남씨	1	17명
광산김씨	1	14명
영천이씨	1	12명
순흥안씨, 청주정씨, 한양조씨	3	21명
고성이씨, 광주안씨, 반남박씨	3	15명
능주구씨, 단양우씨, 봉화금씨, 아주신씨, 진주류씨	5	20명
경주손씨, 단산박씨, 안동김씨, 흥해배씨	4	12명
대흥백씨, 영해신씨, 의흥박씨, 함안조씨	4	8명
경주최씨, 공주이씨, 덕산윤씨, 무안박씨, 선성김씨, 선성이씨, 순천김씨, 신안주씨, 영해박씨, 의령옥씨, 의성김씨, 인동장씨, 청송심씨, 평해황씨, 풍산류씨, 함안박씨	16	16명
미상未詳	-	27명
계	39개	189명

마을을 비롯해 가야마을에 근접해 있는 예안 출신들이다. 189명의 문하생 가운데 사마시와 문무과에 합격한 사람은 총 18명으로, 생원시 8명, 진사시 3명, 생원·진사시 2명, 문과급제 4명, 무과급제 1명이다. 참고로 문과급제자는 권위·신지제·권태일·

김사형이고, 무과급제자는 박의장이다. 또 저술을 남긴 문하생은 24명으로 나타났다.(문집 20명, 실기 4명) 이광정이 작성한 「행장」에는 김언기의 강학모습이 잘 묘사되어 있다.

> 생도生徒들을 가르침에 과정課程을 엄격하게 세워 구두만을 우선으로 하지 않고 정미精微한 뜻을 반복했으며, 문장만을 숭상하지 않고 의리義理가 나누어지는 곳을 분석하였다. 효孝·제悌·충忠·신信을 가르침의 근본으로 삼아 어버이를 섬기고 군주를 섬기는 도리를 알게 하였고, 추향趣向을 바르게 하여 자신을 이루고 남을 이루어주는[成己成物] 공효功效에 이르도록 하였다. 이끌고 인도함으로써 체벌을 내신하여 차근차근 자세히 열어주어 나아가게 하였다. 작은 것을 먼저 하고 큰 것을 뒤로하여 순서에 따라 독려督勵하여 나아가도록 하였다. 과정에 따라 외우는 여가에 여러 학생들을 이끌고 당堂에 올라 성현의 말씀 중 심오한 부분을 강구講究하고 고금의 득과 실을 토론하여 학문의 바른길을 열어 나갔다. 강의를 마치면 엄숙히 바르게 앉아 마음을 몰입하여 깊은 뜻을 찾았다. 흥興이 나면 지팡이를 짚고 느긋이 배회하며 시를 읊조리면서 유유자적하여 초연히 속세를 벗어날 생각이 있었다. 배운 사람들이 학문을 이룬 까닭은 잘 이끌어 준 것을 의지했을 뿐만 아니라 보고 느끼는 사이에 얻은 것이 많아서였다.

김언기는 회초리 대신에 자상함으로 이끌어주었으며 문장보다는 의리 밝히기를 강조하였다. 그중에서도 특히 효孝·제悌·충忠·신信을 가르침의 근본으로 삼았다. 문하생 안발安潑 역시 스승의 죽음을 애도하며 지은 「만사」에서 "마음 열고 도리 논하여 많은 의심 풀어주고, 예법 따른 몸가짐으로 중망이 높으셨네."라고 술회했다. 이런 이유 때문인지 김언기가 숨을 거두던 해에도 경전을 들고 가르침을 청하러 온 사람들이 문밖에 끊이지 않았는데, 그는 이런 광경을 흐뭇해하면서 눈을 감았다고 한다.

3) 유일재 김언기가 남긴 기록들

현재 남아있는 김언기의 작품은 시 9수(8제題)와 부賦 1편, 그리고 편지 2통과 지識 1편이다. 문하생 189명을 둔 유학자의 삶과 생각을 십수 편의 글을 통해 들여다보기에는 부족한 감이 없지 않지만, 한 점의 고기 맛을 보면 솥 안의 전체 고기 맛을 알 수 있다는 심정으로 작품을 살펴보기로 하자. 그의 시작품 중에서 「제모재題茅齋」·「취한대에서 읊어 호재 곽경함에게 주다翠寒臺吟贈郭浩齋景含」·「백운동에서 호재의 시에 화운하다白雲洞和浩齋韻(附原韻)」는 『유일재선생일고』에 수록되어 있고, 「청송 안정에게 두 수를 주다贈別安靑松鼎二首」 2편·「장중 권호문의 한서재에 차운하다次權章仲好文寒棲齋韻」·「백영 김부인의 죽음을 애도하다輓金

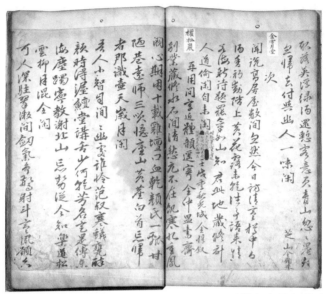

설월당 김부륜의 차운시

伯榮富仁」는 『유일재선생실기』에 실려 있다. 그리고 그의 후손들
이 성오당省吾堂 이개립李介立(1546~1625)의 종가에서 수집한 「대중
이개립을 떠나보내며[醉別李大仲介立]」와 「대중을 떠나보내며[贈別
大仲]」 등이 있다.

　　이들 작품 가운데 대표적인 것은 가야마을에 서당을 완공하
고 나서 지은 「제모재」이다. 이 시에 차운한 사람은 18명이고 현
재 27수가 남아 있다. 구체적으로는 백담栢潭 구봉령具鳳齡 1수,
학봉鶴峯 김성일金誠一 1수, 송암松巖 권호문權好文 3수, 회곡晦谷 권

춘란權春蘭 4수, 지산芝山 김팔원金八元 1수, 인재忍齋 권대기權大器 1수, 문봉文峯 정유일鄭惟一 5수, 일재一齋 구찬록具贊祿 1수, 동고東皐 안제安霽 1수, 후조당後彫堂 김부필金富弼 1수, 설월당雪月堂 김부륜金富倫 1수, 취병翠屛 고응척高應陟 1수, 약봉藥峯 김극일金克一 1수, 귀봉龜峯 김수일金守一 1수, 일휴당日休堂 금응협琴應夾 1수, 춘당春塘 오수영吳守盈 1수 등과 후대에 추가로 차운한 고산孤山 이유장李惟樟 1수, 눌은訥隱 이광정李光庭 1수 등이다.

몇 칸 초가에서 고상하게 거처하신다기에
홀연히 오늘 청한한 집을 찾아왔네.
술동이 속 막걸리 향기 피어날 때
계단에 핀 국화에 젖은 이슬 아직 남아 있네.
지난 일 말하자니 심정은 바다 같고
새롭게 시를 짓고 나니 기운이 산과 같네.
그대 여기서 학문 닦을 줄 알겠으니
남들은 한가롭다 말하지만 자신은 한가하지 않으리.
聞說高居屋數間　　忽然今日訪淸寒
樽中白酒香初動　　階上黃花露未乾
往事語來情若海　　新詩題罷氣如山
知君此地藏修計　　人道偸閑自未閑

설월당 김부륜의 차운시다. 벗이 가야마을에 서당을 지었다는 소식을 전해 듣고는 어느 가을날 방문한 듯하다. 그래서 두 사람은 막걸리 술동이를 옆에 두고 난간에 핀 국화를 감상하면서 시를 주고받았을 것이다.

해 뜨고 안개 걷혀 문짝 열어 보니
몸 가볍고 걸음 편해 돌아갈 생각 잊었네.
목동은 언덕 가를 소 타고 지나가고
산새는 숲에서 나그네 보고 날아 가네.
솔 그림자 대에 가득해 뼛속까지 시원하고
돌에 부딪치는 물소리 옷 속까지 상쾌하게 스며드네.
온화한 바람과 갠 달에 흥취는 끝이 없고
취중에 천지는 눈 아래 티끌이로다.
日出烟開試拓扉　身輕步穩去忘歸
牧童傍岸騎牛過　山鳥依林見客飛
松影滿臺凉逼骨　水聲舂石爽侵衣
光風霽月無邊趣　醉裏乾坤眼底微

위의 작품은 「취한대에서 읊어 호재 곽경함에게 주다[翠寒臺吟贈郭浩齋景含]」이다. '취한대'는 영주의 소수서원 입구에 자리한 곳으로, 퇴계 이황이 손수 소나무와 대나무 등을 심어 '취한대'

라고 이름 붙였다. 아마도 곽경함(곽수지郭守智, 1555~1598)과 함께 소수서원의 취한대로 향하던 중 시를 지어준 것 같다. 김언기가 그에게 건네준 또 다른 시 「백운동에서 호재의 시에 화운하다(白雲洞和浩齋韻(附原韻))」가 전한다.

> 좋은 밤 아름다운 모임에 푸른 술동이도 있고
> 마주 앉아 함께 웃자니 또한 거리낄 게 없구나.
> 오동 그림자 뜰 채우자 시원한 이슬 내리고
> 깊은 밤 산에 뜬 달이 빈 처마를 비추네.
> 良宵好會綠尊兼　諧笑云云也不嫌
> 梧影滿庭凉露下　夜深山月入虛簷

제목으로 볼 때 이 작품 역시 소수서원을 방문했을 때 지은 것으로 보인다. 곽수지는 상주 출신으로, 당시 처가의 세거지인 풍기에 살고 있었다. 특히 곽수지는 매달 풍기에서 도산서원까지 찾아가서 사당을 참배하고, 퇴계 문인들과 교류하는 등 퇴계에 대한 존숭심을 누구보다 깊게 간직하고 있었다.

> 친구를 찾기 위해 옥잠玉쏙에 올랐다가
> 난간에 기대어 한바탕 웃으니 세속 마음 넓어지네.
> 주인은 발 씻으러 창랑滄浪으로 가버렸으니

자욱한 안개 짙은 구름 아래를 찾아보네.

爲訪故人上玉岑　　憑欄一笑豁塵心
主人濯足滄浪去　　烟潤雲深底處尋

「장중 권호문의 한서재에 차운하다[次權章仲好文寒棲齋韻]」라는
제목의 시다. 송암 권호문은 평생을 처사로서의 삶을 살았다. 그
래서인지 김언기의 주변 인물 가운데 가장 많은 시를 주고받았는
데, 그만큼 두 사람의 교감은 깊었다. 이날 역시 권호문이 머물고
있는 청성산 기슭을 찾아 세속으로부터 벗어난 자유로운 마음을
표현하고 있다.

　　김언기의 학문적 경향을 엿볼 수 있는 자료로 「입덕문부入德
門賦」가 남아 있다. 이는 덕德에 이르는 방식을 일러둔 글로, 성현
의 가르침에 따라 참된 군자의 덕을 갖추는 데 필요한 실천방법
을 제시하고 있다.

나 어릴 적 갈림길에서 어찌할 바 모르다가
멀리까지 이르는 데 길이 없음을 근심했네.
귀신의 문을 곁으로 하면서 비틀거렸고
선현의 훌륭한 자취 우러렀네.
문득 성인의 가르침에 깨우침 일어나
덕에 들어가는 문이 있음을 기뻐했네.

어두운 길로 어찌 들어갈 수 있으랴
반드시 자기를 밝히고 난 뒤에 따라가야 하리.
본연의 바른 기본 세우고
지극한 도의 큰 근원에 통하리.
...
사람과 귀신 사이 빗장 질러 나누고
선과 악의 구역을 분명히 했네.
진실로 기틀을 모두 갖추었으니
어찌 현명한 지혜를 멋대로 하리요.
우주 끝까지 넓히고 벌려 나가더라도
진실로 사람마다 나아가야 하는 길은 같다네.
이는 가르침을 세우는 큰 근본이니
진실로 학자들이 먼저 힘써야 하리.
이에 군자들이 배움에 나아가는 것은
반드시 먼저 핵심을 이끌어 내어야 하네.
머무를 곳을 알고서 격물치지에 이르러야 하며
근본과 끝의 먼저하고 뒤에 할 것을 알아야 하리.
참되고 바른 데 겨를이 없어야 하고
그 덕을 삼가고 스스로 수양하여야 하리.
가만히 있을 적에 내면을 수양하여 보존하고 기르며
움직일 적에 외물의 동요를 막아 성찰한다네.

...

이것이 덕에 나아가는 지극한 공이며

또한 성인이 가르친 도에 가까운 것이로다.

그러나 문에 들어갈 줄 아는 자는 적기 때문에

사람들이 깜깜하게 모르고 미혹되나니.

아아 성인과 현자가 몸소 실천한 즐거운 터전

오랫동안 비어서 먼지 쌓이고 쓸쓸했도다.

다행히 이정선생이 홀로 나아가

처음 이름을 걸고 문을 활짝 열었네.

더군다나 주자가 깊이 나아가

또 빠진 것을 보충하고 더하여 넓혔다네.

그리하여 오래 막혔던 문과 담장이

이분들에 이르러 거듭 밝아졌도다.

...

누가 자신의 힘이 감당치 못한다 근심하는고.

도에 들어가는 문 두드리니 자물쇠가 열리고

덕에 들어가기를 기약하니 나아가고 나아가도다.

가까이 보면서도 소홀히 할까 두려워

마침내 입덕문 부를 지어 스스로 경계하노라.

...

余幼蒼黃乎多岐　　悶致遠之無路

側鬼關而蹣跚　　　仰前修之駿步
忽起警於聖訓　　　喜入德之有門
豈冥行之可入　　　必明己而後遵
立本然之正基　　　通至道之大原
…

隔人鬼而作關　　　明善惡之區域
諒機械之備具　　　豈賢智之獨由
極宇宙而廣撥　　　固人人其同趣
是立教之大本　　　允學者之先務
肆君子之就學　　　必先提其樞紐
要知止而格致　　　認本末之先後
力不違於誠正　　　慎厥德而自修
靜守内而存養　　　動閑外而省察
…

茲進德之極功　　　亦聖道之庶幾
然知門入者盖寡　　　故衆人之昧惑
嗟聖賢躬行之樂地　　　曠百世而塵寂
幸河南之獨詣　　　始揭號而洞開
况紫陽之深造　　　又補闕而增恢
而久閉之門墻　　　至于斯而重光
…

孰憂夫余力之不任　扣玄關而啓鑰

期入德而驟驟　　　恐見近而忽之

遂題門而自箴

…

　어린 시절에는 덕에 들어가는 방법을 몰라 방황하다가 성인
의 가르침으로 깨우침을 얻어 비로소 길을 찾았다는 내용이다.
또 덕을 지향하는 것은 모든 사람들이 나아가야 하는 길이며, 이
것이야말로 가르침의 근본이라고 역설한다. 구체적으로는 단계
의 순서와 규범을 따르고 선과 악을 구별하는 것이며, 다음으로

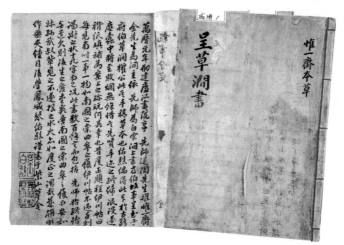

김언기가 안동부사 권문해에게 보낸 「정초간서呈草澗書」

격물格物·치지致知와 성심誠心·정심正心의 선후를 밝혀야 한다고 설명한다.

편지는 「정초간서呈草澗書」와 「여금이술윤선與琴而述胤先」 등 2편이 남아 있다. 「정초간서」는 안동부사 초간草澗 권문해權文海(1534~1591)에게 여강서원廬江書院을 국학國學으로 승격시켜줄 것을 간청하는 내용의 편지이다. 안동 사람들은 퇴계 이황의 향사를 지내기 위해 여강서원의 창건을 논의하면서 김언기를 초대 동주洞主[院長]로 추대했다. 그의 나이 54세 때였다. 이에 김언기는 안동부 동쪽의 여산촌廬山村 오로봉 아래에 자리하고 있던 백련사白蓮寺를 헐고 터를 조성한다.

원년(1573, 선조6) 11월 2일에 부府의 백성인 생원生員 김언기 등은 참으로 황공한 마음으로 머리를 조아리며 두 번 절하고 삼가 부사府使 합하閤下께 글을 올립니다. … 삼가 생각건대, 퇴계 이황 선생께서는 타고난 자질이 도道에 가깝고 총명함이 남보다 뛰어났습니다. 어려서부터 학문에 뜻을 두어 항상 성현을 사모하면서 스승의 연원을 따르지 않고 초연히 홀로 도에 나아갔습니다. 학문할 적에는 이치를 궁구하여 앎을 지극히 하고 몸에 돌이켜 실천하였습니다. … 사문斯文이 불행하여 선생님이 갑자기 돌아가시니, 우리 도를 위하여 지극한 슬픔입니다. 다만 생각건대, 안동은 영남의 큰 부府이고, 여산廬山

은 한 부의 경승지인데 실상 선생께서 젊은 시절 책을 읽던 곳입니다. 마을이 그윽하고 골짜기가 고요하며, 강물이 쉬지 않고 그 사이를 콸콸 흐르고 있습니다. 그 땅을 보면서 그 사람을 생각하여 높은 산처럼 우러러 보는 뜻을 이루는 것이 어찌 다함이 있겠습니까? 하물며 선생의 선조先祖들이 이곳에서 대대로 살다가 다만 한두 대 전에 예안으로 옮겼으나, 선조들의 여러 무덤이 우리 부府 안에 있으니, 선생은 바로 우리 고을 사람입니다.

성대한 덕의 광채가 사람들의 이목에 남아 있어 향인들의 추모하는 정성이 절로 그치지 않습니다. 성현과의 시대가 천여 년이나 후세이고, 지역이 서로 천여 리나 떨어졌으나 풍문을 듣고 감동을 일으키기에 충분합니다. 다행히 같은 시대에 태어나고 이웃에서 외람되이 스승으로 모시면서 오래도록 훌륭한 가르침의 감화를 직접 입었으니, 눈을 감고 상상하고 마음으로 사모하면서 마음 안에 일어나는 감흥이 더욱 깊고도 간절합니다. 어찌 서로 만세토록 앙모할 자리에 대한 의논을 하지 않겠습니까? 온 고을의 유생들이 이에 모여서 의논하고, 뜻을 같이하는 사우士友들의 의논이 동의하여 일의 내용을 갖추어 전부사前府使에게 고하였습니다. 사람들의 마음이 모두 같아서 의논하지 않았는데도 서로 합하여 진사進士와 수재秀才 모두 10인을 천거하여 그 일을 주관하게 하였습니다. 여산廬山

의 아래, 낙동강 가에 가서 그 자리를 살펴 정하고 재목을 모아 장인들에게 건축을 명하였습니다. 필요한 비용과 노역에 관한 일은 대체로 모두 고을 사람들에게서 나왔으나 관에서도 도와 주었습니다. 지난해 가을 7월에 공사를 시작하여 금년 여름 5월에 마치니, 묘우와 강당과 동재東齋와 서재西齋가 차례대로 완성되었습니다. … 지금 서원을 건립한 일은 비록 사람들이 다 같은 마음으로 이루었다고는 하지만 왕명을 받지 못했고 이름이 국사國史에 실리지 않았습니다. 단지 한 지방의 수령과 고을 사람들의 힘에서 나왔으니, 아마도 한 시대의 이목을 고무시키고 많은 사람의 마음과 뜻을 격동시켜서, 영원히 부지하고 조치하여 떨어지지 못하게 할 길이 없을까 염려됩니다. 미천함을 무릅쓰고 함부로 주상에게 상소를 올려 만분의 일이나마 바라는 것을 빌고 싶지만 구중의 궁궐은 깊고 전각의 아래는 천리나 멀어 머리를 맞대고 서로 의논하여도 계책이 없습니다. 그러니 유림의 모범이 될 터전이 마침내 쇠퇴하여 떨치지 못할까 크게 두렵습니다. …

혹시 합하께서 저희의 말을 일의 사정에 어둡다 여기지 않으시거든 이 말을 받아들이고 다듬어서 방백方伯에게 보고하시고 주상께 전해 아뢰어, 선조先朝의 고사를 한결같이 준수하여 서적을 내려주시고 편액을 하사해 주시며 아울러 전답과 노비를 지급하시어 그 재력을 넉넉하게 해주십시오. 그래서 증보

하고 수식하는 법과 장구히 이어갈 계책도 빠짐없이 해주신다면, 교육은 임금으로부터 나오고 선비는 즐겁게 와서 배우게되어 천만 년이 지나도 폐기되지 않을 것입니다. …

1573년 7월에 공사를 시작해 이듬해인 1574년 5월에 서원이 완공되었다. 이때 국가적 공인을 받아 확고한 위상을 정립하고 또 안정적인 재정지원을 보장받을 수 있는 방법이 절실했는데, 그것은 바로 사액賜額이었다. 이에 김언기는 안동부사 권문해에게 서적과 토지, 노비의 지급이 보장되는 사액을 받을 수 있도록 조정에 건의해 달라고 청원한 것이다. 하지만 이후 퇴계의 위패를 봉안한 도산서원·이산서원과 달리 여강서원은 사액 대상에서 제외되었다.

김언기는 서원 건립을 주도하며 도산서원 원규를 참고해 규약을 정하는 등 초대원장으로서의 역할을 충실히 수행해 나갔는데, 특히 1576년 퇴계의 위패를 봉안할 때 도산서원의 상덕사와 같은 날에 향사를 올리도록 했다. 이로써 도산서원과 여강서원은 퇴계학파의 동질성을 확보하면서 양대 축을 형성하게 되었다. 또 다른 편지인 「여금이술윤선與琴而述胤先」은 예안 출신의 금윤선琴胤先(1544~미상)에게 보낸 것으로, 청량산의 환경 문제를 우려하는 내용이다. 즉 백성들이 깊은 산중에 들어가서 밭을 일구고 땔나무를 구하려고 벌목을 감행하는 탓에 훼손 정도가 심각하니, 이에 대한 대책을 강구하자는 것이다.

4) 그의 죽음을 애도하다

김언기는 1567년 48살 되던 해에 생원시에 합격했다. 식년시 생원 3등이었다. 1571년에는 영해향교의 교수에 부임하면서 허물어진 강당을 수리하고 규약을 마련하는 등 고을의 인재를 배양하기 위해 많은 노력을 기울였다. 이처럼 영해 고을 사람들로부터 칭송이 자자한 가운데 1573년에는 안동으로 돌아와서 스승인 퇴계 이황을 배향하기 위한 여강서원 건립을 주도하고 1576년 스승의 위패를 봉안한 뒤 향사를 올렸다. 그러던 중 부친인 김주金籌가 숨을 거두자 환갑을 넘긴 고령임에도 불구하고 거친 음식을 먹으며 애통해하다가 마침내 건강을 해치는 지경에 이르게 된다. 이후 깊은 병환에 시달리다가 1588년 3월 15일 69세의 나이로 눈을 감는다. 김언기가 숨을 거두었다는 소식을 전해들은 벗과 지인들은 한걸음에 달려와 슬픔의 눈물을 흘렸다.

학문은 전문가를 하찮게 여길 정도였고	學笑專門陋
고을에서 두 달존으로 추앙 받았네.	鄉推二達尊
명성 높아도 생원 진사에 만족하고	名聲但司馬
공훈 세울 청운의 길에 나서지 않았네.	勳業阻青雲

어버이 상에 너무 애통해한 나머지	風樹餘欒棘
건강 잃고 갑자기 세상 떠났네.	堂封遽舊原
가정에는 훌륭한 자제가 넉넉하니	庭階富蘭玉
하늘의 보답을 여기에서 볼 수 있네.	天報驗斯存

　서애西厓 류성룡柳成龍(1542~1607)이 유일재 김언기의 죽음을 애도하면서 지은 만사輓詞이다. 내용 가운데 '향추이달존鄕推二達尊' 곧 '고을에서 추앙받는 두 달존'이란 퇴계 이황과 유일재 김언기를 가리키는 것으로 생각된다. 이를 통해서도 지역사회에서 그의 위상을 짐작할 수 있다. 김언기의 문하생인 옥산 권위 역시 스승의 위대함을 다음과 같이 읊고 있다.

덕 있는 어른 이제 세상을 떠나시니	耆德今淪沒
하늘은 어찌 남겨 두지 않으시는가.	天胡不憖遺
고을 사람들은 모범을 잃었고	鄕人喪楷範
후학들은 의지할 곳을 잃었네.	後學失依歸
가르침에 게으르지 않음을 내 일찍이 보았고	不倦吾曾見
은거를 근심하지 않음은 세상이 알고 있네.	無憂世所知
평생을 회상하자니 한 움큼 눈물이 흐르는 것은	平生一掬淚
나의 슬픔 때문만은 아니라네.	非獨哭吾私

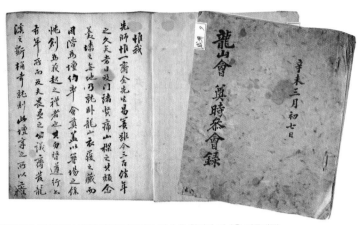

용산회전시참회록龍山會奠時參會錄(향사를 지낸 후 참석자 명단을 기록해둠)

　　제자 권위의 눈에 비친 스승의 모습 역시 덕과 인자함을 갖춘 존숭받는 고을의 어른이었다. 실제로 김언기가 숨을 거두자 제자들과 고을사람들은 크나큰 의지처를 잃은 슬픔에 애통함을 토해내었던 것이다. 그래서 제자들은 해마다 스승을 추모하기로 결의했다. 장곡 권태일은 스승의 묘소 아래 재사齋舍를 세운 뒤 통문을 짓고 제문을 써내려갔다.

　　스승에게 받은 은혜는 갚으려 해도 끝이 없고, 높이 받드는 예는 허례허식에 달려 있지 않으니, 생각건대 우리 동문도 진실로 예외가 아닙니다. 신유년(1561)부터 무자년(1588)에 이르기까지 30여 년 사이에 책 상자를 지고 와서 배운 자들이 거의 수

백여 명에 이릅니다. 시기의 앞과 뒤, 학업의 성취 여부는 비록 다른 점이 있지만 한 자나 한 줄을 배운 것도 모두 가르쳐 주신 공입니다. 선생께서 돌아가신 뒤 그리워하여 잊지 못하는 마음은 한결같을 것입니다. 요 몇 해 이래로 모여서 전奠을 드리는 예를 비로소 행하여 부족하나마 못다 한 그리움을 의탁했습니다. 다만 생각건대 사는 지역이 멀고 가까움의 차이가 있어 각기 제수를 담아 가져오는 것은 아마도 영구히 할 수 있는 방법이 아닌 듯합니다. 이에 서너 명의 뜻을 같이 하는 사람들이 규정을 세우기로 의논을 정하고 돈과 곡식을 거두어 종자돈을 마련하여 이자를 늘리기로 하였습니다. 그리고 유사가 제수를 마련하고, 날짜를 정하여 통지문을 내도록 하였습니다. 우리 동문들께서는 1년마다 한 번씩 모여 전을 드리며 위안하는 정성을 펴서 변함없는 법도로 삼아 폐지하지 않고 영원히 이어가면 매우 다행이겠습니다.

권태일이 작성한 「동문에게 통지하는 글[同門通諭文]」이다. 스승의 학덕을 기리기 위해 제자들이 모여 향사를 올려왔으나 안정적인 수행을 위해 조직을 결성한다는 내용이다. 비록 스승은 떠나고 없지만 그 가르침과 정신은 이어받겠다는 일종의 결의인 셈이다. 이는 곧 스승에 대한 제자들의 존숭심을 엿볼 수 있는 것으로, 이런 경향은 「문인들이 모여 전을 드리는 글[門人會奠文]」에 잘 나타나고 있다. 내용을 요약하면 다음과 같다.

생각건대 선생은 　　　　　　　　　　　　惟先生
무겁고 정중한 모습 우뚝하여 　　　　　　魁然厚重
점잖은 어른의 풍모를 지니셨지요. 　　　　長者之風
온화함으로 다른 사람을 대하고 　　　　　和以接物
엄숙함으로 자신을 단속했다오. 　　　　　莊以律己
은둔을 괴롭게 여기지 않으셨고 　　　　　無憫遯世
도를 지니고 벼슬없이 사셨다오. 　　　　　有道家食
사람들 다투어 옷자락 걷어 잡으니 　　　　人爭摳衣
언제나 문 앞엔 신발이 가득하였네. 　　　　履恒滿門
성인의 법도로 가르침을 세우고 　　　　　立敎先程
실천하고 남은 힘으로 글을 배우게 했다오. 　餘力學文
다만 어리석은 우리들은 　　　　　　　　顧惟顓蒙
모두 거칠고 경솔했답니다. 　　　　　　　俱甚魯莽
이끌어 일깨워주시고 　　　　　　　　　提而又撕
잡아 주시고 인도해 주셨지요. 　　　　　　披而且誘
자식처럼 깊은 은혜 주셨건만 　　　　　　恩深子視
부모님에게처럼 보답치 못해 부끄럽습니다. 　報愧爺孃
선생님을 추후에 생각하오니 　　　　　　追惟函丈
국에 담장이 비치는 듯 그리움 간절하네요. 　慕切羹墻

76

봄 가을로 정성을 올리지만   春秋揭虔
어찌 남기신 은택과 같겠습니까?   曷稱遺澤
완연히 덕을 갖추신 모습이   宛爾德容
어렴풋하게 마음과 눈에 있는 듯합니다.   儵然心目
밝은 혼령이 계신다면   不昧者存
밝게 이르시기 바랍니다.   尚其昭格

　　189명의 문하생들은 스승의 학덕을 영원히 기리고자 용산보
덕단龍山報德壇을 건립하고 제祭를 올리는 한편, 친목 도모를 위한
'낙계회洛契會'를 결성하였다. 이들 회원들은 해마다 봄과 가을
철에 낙동강이 흐르는 풍광 좋은 곳에 모여서 스승을 그리워하는
마음을 서로 달래며 풍류를 즐겼다. 김언기의 아들 갈봉 김득연
도 회원이었는데, 당시 모임에 참석하고 나서 다음과 같은 시를
지었다.

동문의 벗들 예전 같이 나란히 모이니
강학하고 서로 따르며 예법을 익히던 곳이네.
세상 사람의 살고 죽는 일은 매우 슬픈데
용산의 솔과 회나무는 늦도록 푸르네.
추모의 마음 간절하니 정은 바다와 같고
신의로 깊이 사귀니 술이 잔에 가득하네.

매년 봄 가을로 약속을 어기지 아니하니
죽으나 사나 품은 감회 어찌 잊으랴.
同門文會昔聯芳　講學相隨禮法場
人世存亡悲悒悒　龍山松檜晩蒼蒼
羹墻慕切情如海　信義交深酒滿觴
每歲春秋期不替　幽明含感詎能忘

「계원이 전을 올릴 때 아우의 시에 차운하여 사례하다(歛契會
奠時次舍弟韻以謝之)」라는 제목의 시 앞부분이다. 모임 장소는 '용
산龍山' 곧 와룡산이고, 서당이 자리하고 있던 가야마을이다. 내
용으로 볼 때 김언기의 향사를 지내고 나서 친목모임을 가졌던
것 같다.

2. 갈봉 김득연, 시인으로 우뚝 서다

갈봉葛峯 김득연金得研(1555~1637)은 유일재 김언기와 영양남씨 사이에서 장남으로 태어났다. 그는 송소松巢 권우權宇(1552~1590)의 유고집 발문에서 "나와 송소 권우는 대대로 친하게 지내온 벗이다. 한 마을에 살며 어린 시절부터 서로 따랐는데, 평생 사귄 의리가 노년에 이르러서 더욱 친밀하였다."라고 했는데, 권우는 와룡 이계마을 출신이다. 따라서 김득연은 유년시절부터 와룡 이계마을에서 살았던 것 같다. 생후 10개월이 되어 어머니를 여의고 조모인 순흥안씨의 보살핌 아래서 성장했던 그는, 할머니의 사랑을 평생 간직하는 한편, 어머니의 얼굴을 알지 못함을 늘 애통해했다고 한다. 아마도 가슴 속의 이런 슬픔의 응어리

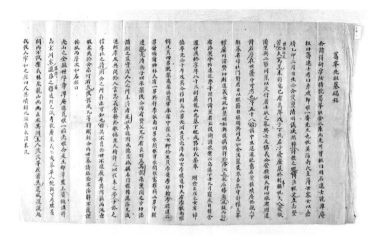

갈봉선생묘갈명

가 그를 문학의 세계로 이끌지 않았을까 하고 생각한다.

그는 생전에 수많은 작품을 창작했다. 한시 600여 수가 전하며, 국문 작품으로는 가사 「지수정가止水亭歌」 1수를 비롯해 시조 「산중잡곡山中雜曲」 49수, 「감배첨회작이국화주가이사지感拜僉會酌以菊花酒歌而謝之」 3수, 「첨존노계우모우제회우이가사지僉尊老契友冒雨齊會又以歌謝之」 3수, 「영회잡공詠懷雜曲」 5수, 「희영적벽구우가삼첩가戲詠赤壁句又歌三疊歌」 3수 등 총 70여 수가 있다. 지금까지 전하는 조선시대의 시조 작품은 2천여 수 정도다. 송강 정철이 남긴 시조 작품이 107수이고 단가의 대가로 불리는 고산 윤선도의 유작이 75수라는 점을 생각할 때 김득연의 문학적 위상을 짐작할 수 있다. 한국국학진흥원에서 발간된 『국역 용산세고』의 「해제」편에는 김득연의 생애가 다음과 같이 정리되어 있다.

- 25세(1579년, 선조 12), 8월 26일부터 9월 4일까지 벗들과 청량산을 유람했다. 이때 그들은 월천月川 조목趙穆을 모시고 함께 유람을 하며 많은 것을 묻고 배웠다. 26세에는 청량산에 들어가 독서를 하였다.
- 34세(1588년, 선조 21), 부친 유일재가 별세하였다. 모든 예법을 한결같이 『주자가례』에 따라 행했고 시묘살이를 하였다.
- 35세(1589년, 선조 22), 아우 만취헌 김득숙이 부친의 상에 슬퍼하다가 4월 26일 병을 이기지 못하고 29세로 세상을 떠났다.
- 38세(1592년, 선조 25), 임진왜란이 일어나자 여러 사우들과 함께 창의에 참여했는데, 집안의 재산을 내어 의창義倉을 설치하였고 의병을 모으고 군량 조달을 주로 담당하였다.
- 44세(1598년, 선조 31), 임진왜란 동안 교류했던 명나라 군대의 종사관들에게 「우설友說」을 지어 주었다. 이때 명나라의 종사관들은 귀국을 하면서 두 편의 글을 갈봉에게 주며 그의 충의忠義와 문장을 높이 찬양하였다.
- 58세(1612년, 광해 4), 생원시와 진사시에 모두 합격하였다. 증광시增廣試에 진사 2등 11위에 입격하였다.

- 60세(1614년, 광해 6), 와룡산에 있는 선친 유일재의 묘소 아래에 연못을 팠다. 이듬해에는 연못 위쪽에 정자를 세우고 '지수정止水亭' 이라고 명명했다.
- 64세에는 「지수정기止水亭記」를 지었다.
- 67세에는 지수정 근처에 용동정사龍洞精舍를 건립하였다.
- 70세에는 「용동정사기龍洞精舍記」를 지었다.
- 69세(1623년, 인조 1) 나라에서 세 번이나 불러 벼슬을 하사하였으나 나아가지 않았다.
- 73세(1627년, 인조 5), 부인 함양박씨咸陽朴氏가 별세하였다.
- 79세(1633년, 인조 11), 맏아들 광주光澍가 세상을 떠났다.
- 82세(1636년, 인조 14), 병자호란이 일어나 국왕이 치욕적인 맹세를 했다는 소식을 듣고 매우 원통하게 여겼다.
- 83세(1637년, 인조 15), 9월에 병이 위독해지자 용동정사에서 아우 만취헌 김득숙에게 양자로 간 가야마을의 둘째 아들 김광부金光溥의 집으로 돌아왔으며, 그달 28일에 세상을 떠났다.

　그는 생전에 임진왜란 · 정유재란 · 정묘호란 · 병자호란 등을 겪었는데, 그럴 때마다 현실에 적극 참여하거나 시詩로 울분을 달래거나 했다. 38세 되던 해에 임진왜란이 일어나자 창의倡義에 가담해 가재家財를 털어 군대를 모으고 군량을 조달하는 한편,

명나라 종사관들을 접견하는 역할을 수행하기도 했다. 당시 경리 양호楊鎬와 도사 설호신薛虎臣은 그의 활약상을 보고 크게 감복했으며, 종사관 장무덕張懋德·진천총陳天寵·주공유朱孔儒는 군량을 인수하기 위해 의창義倉에 왔다가 김득연을 만난 뒤 다음과 같이 기록했다.

> 갈봉은 정성스럽고 진실하니 뛰어난 군자이다. … 또 그가 접견하는 모습을 보니 크게 절도에 맞고 삼가 헤아려 행동하거나 말하는 가운데 크고 작은 일이 모두 적절하여 중도를 지키지 않음이 없었으며, 그의 법도는 성인의 문하에서 배우지 않은 사람이라면 할 수 없는 것이었다. … 우리는 군량을 받고 의창에 관해 말하다가 그의 이름을 듣게 되었다.
>
> — 『갈봉선생문집』 권4

그는 비록 전투에 직접 참여하여 전과를 올렸다는 기록은 없으나 "경상도 6진이 모두 파괴되었으나 안동만이 홀로 안전한 것은 김득연의 공이다."라는 칭송이 있을 정도로 큰 활약을 했다. 다음 자료는 그의 사후 2백여 년이 지난 1824년에 권인호權仁護 등 안동유림들이 연명으로 올린 상소문이다.

> 고故 징사徵士 김득연은 … 선조 임금 당시 임진왜란이 일어났

을 때 의병을 창기했는데, 솔선하여 가재家財를 내어서 의창을
설치하고 널리 군사를 모았습니다. 이에 피난가던 사람들이
감동하여 되돌아와 합류하였고 밥 굶는 사람들은 배불리 먹고
힘을 보탰습니다. 군율은 엄격하였고 위세를 크게 떨쳤으며
… 죽음을 맹세하고 국은에 보답하기를 7년을 하루 같이 하였
습니다. 그 당시 산남山南의 웅읍雄邑 대진大陣이 무너지지 않
은 곳이 없었는데, 안동에는 적이 감히 들어오지 못하였으니,
문충공 류성룡이 "경상도 6진이 모두 파괴되었고 안동만이 홀
로 안전하다."라고 한 것은 대개 김득연의 공을 가리키는 것입
니다.

전쟁이 끝난 1612년 58세 때는 생원시와 진사시에 합격했
다. 그러나 북인이 정권을 장악하고 있는 상황에서 자신의 뜻을
펼칠 수 없다고 판단해 벼슬길에 나아가지 않고 아버지 묘소 아
래에 정자止水亭를 세우고 노년의 삶을 보냈다. 1627년 정묘호란
이 일어났을 때는 73세의 고령에도 불구하고 비분강개한 심정을
「서쪽 소식을 듣고 분개하여 기록하다聞西報慎而記之」라는 시로
표현했다.

적군이 물러간다는 말이 사실이구나
신민의 분노가 하늘 끝까지 통했네.

강화 요구는 예전부터 잔꾀였으니

후환이 불처럼 타오를 줄 어찌 모르랴.

신령한 용龍이 옛 못으로 돌아오셨다 하니

태양이 하늘 높이 떠올라 기쁘도다.

오랏줄 청한 종군終軍의 뜻 이루지 못하니

칠실은 그렇게 하지 못한 근심 견디기 어려워라.

賊退之言是果然　　臣民之憤極通天

要和自古皆姑息　　後患焉知火益燃

聽說神龍返故淵　　欣瞻白日正中天

請纓未遂終軍志　　漆室難堪憂未然

또 1636년 82세 되던 해에 병자호란이 일어나자 여전히 비
분강개를 드러내면서 "관문에서는 삼 년 동안 피리소리로 세월
을 보내고 변방은 천하의 병사들이 내는 먼지로 가득한데, 글 읽
는 서생을 무엇에 쓰리오, 늙은 검은 갑 속에서 울고 있네."라고
절규했다. 이때의 분통함을 삭히지 못해 마침내 병을 얻어 이듬
해 9월 83세의 나이로 생을 마감한다.

1) 인생의 즐거움과 무상함을 노래하다

김득연의 시조는 관념화된 표현보다는 일상의 구체적인 묘

사를 통해 진솔함을 나타내고 있다. 즉 성리학적 이념으로부터
벗어나 자연에서의 소박한 일상생활이 지니고 있는 아름다움과
즐거움을 표현하고 있는데, 이는 아마도 국문으로 이루어진 시조
의 고유특성 때문이라고 하겠다.

> 집 뒤에 고사리 뜯고 문 앞에 맑은 샘물 길어
> 기장밥 잘 익게 짓고 산나물 무르게 삶아
> 조석으로 음식 맛 좋은 것도 내 분수인가 하노라.
>
> — 「산중잡곡山中雜曲」49-5

> 배고프면 바구니의 밥 먹고 목마르면 표주박 물 마시니
> 이러한 가운데 즐거움이 또한 있네
> 남들의 뜬구름 같은 부귀야 부러울 것이 있겠느냐.
>
> — 「산중잡곡」49-6

고사리를 뜯어 나물국을 끓이고 기장을 섞은 잡곡밥을 아
침저녁으로 먹더라도 질리지 않고, 또 배고프면 바구니에 담아
놓은 밥을 먹고 목이 마르면 바가지에 퍼놓은 물을 마시니 부귀
영화가 전혀 부럽지 않다는 내용이다. 이처럼 갈봉 김득연은 자
신의 실제 생활에서 전개되는 일상적인 체험을 구체적으로 표
현함으로써 자신만의 독창적인 시세계를 구축했다는 평가를 받

산중잡곡山中雜曲

고 있다.

> 히히 히히 또 히히 히히
> 이래도 히히 히히 저래도 히히 히히
> 매일에 히히 히히하니 일일마다 히히 히히로다.
>
> -「산중잡곡」49-40

웃음을 시조의 소재로 삼은 것은 김득연이 최초라고 한다.
이후 18세기 무렵에야 옥소玉所 권섭權燮(1671~1759)의 작품이 등장한다. 그만큼 김득연의 문예적 자질이 뛰어나다는 것을 말해준다. 위 작품은 명확한 창작연대를 알 수 없으나, 아마도 여러 차례에 걸친 전쟁의 와중으로 추측된다. 따라서 즐겁고 흥겨운 상황이 아니라 그와는 정반대의 상황에서 유발되는 허탈한 웃음일 가능성이 높은 것이다.

김득연의 시조에는 늙음에 관련된 작품이 유난히 많다. 그는 58세 때 생원시와 진사시에 합격한 뒤 관직을 포기하고 지수정止水亭을 세우고 본격적인 은둔생활에 들어갔는데, 그의 작품 대부분은 이때부터 숨을 거둔 해까지 약 25년 동안에 창작되었다. 그러다보니 자연스럽게 늙음을 소재로 삼은 작품이 두드러졌던 것 같다.

늙어도 막대 짚고 병들어도 눕지 아니 하리
소나무 아래 두루 걸어가서 연못가에 앉아 쉬니
물노라 이는 어떤 할아비인고, 나도 몰라 하노라.
- 「산중잡곡」49-4

어릴 땐 자라고자 했더니 자라서는 늙기 서럽다
늙을 줄 알았던들 자라지나 말 것을
아마도 못 젊어질 인생이니 아니 놀고 어쩌리.
- 「산중잡곡」49-28

내 벌써 늙었는가 늙는 줄을 내 몰랐구나
마음은 젊어서 벗들과 놀려 하니
어디 어디 젊은 벗들은 나와 놀자 하는구나.

-「산중잡곡」49-36

늙기란 다 서럽거니와 오래 살기란 어려우니
진실로 오래 살면 늙을수록 더 놀리라
두어라 즐거움으로 시름 잊고 늙는 줄을 모르리라.

-「산중잡곡」49-44

늙으면 죽기 쉽고 죽으면 벗 없나니
늙어도 살아서는 많은 벗과 노는 게 옳으리라
우리는 그럴 줄 알아서 벗과 매일 놀리라.

-「산중잡곡」49-46

김득연이 늙음을 대하는 자세에는 서글픔과 해탈의 감정이 교차되어 나타난다. 젊은 시절에는 미처 깨닫지 못했으나 어느새 늙어버린 모습에 허무함과 서글픔을 느끼는가 하면, 죽고 나면 벗들조차 사라지므로 늙음에 대한 두려움을 떨쳐버리고 여생을 즐겁게 보내고자 스스로 다짐한다. 때문에 늙음을 다룬 그의 시조는 풍류적 삶과 결합되어 나타나는 경우가 많다.

2) '지수정'에서 도학적 삶을 추구하다

김득연은 1588년 부친인 유일재 김언기가 세상을 뜨자, 1614년 60세 되던 해에 선친의 묘소 아래에 연못을 파고 '지수止水'라고 명명했다. 이는 유일재가 생전에 연못을 파고 '활수活水'라고 이름 지은 데에 부응한 것이다. '지수'라는 말에는 단순히 물을 머물게 한다는 뜻뿐만 아니라 『대학』의 '지어지선止於至善' 곧 '지극한 선에 머문다'는 의미도 포함되어 있다. 김언기가 밤낮 가리지 않고 콸콸 흘러나오는 물처럼 학문에 전념해야 함을 강조했다면, 그는 학문에 전념하여 지극한 선에 머물겠다고 다짐한 것이다. 이듬해 1615년에는 연못 위쪽에 정자를 세우고 '지수정止水亭'이라 이름 붙이고는,「지수정」이라는 한시 3수를 짓는다.

와룡의 남쪽 골 물은 동쪽에서 흘러와	臥龍南洞水東流
층층 바위에 바로 쏟아져 멈추지 않네.	直瀉層巖去不留
작은 못을 만들어 거울을 넣어 놓은 듯	爲築小塘貯一鑑
정자 이름을 지수라 지은 것은 이 때문일세.	名亭止水職斯由
몇 개 서까래로 얽은 쓸쓸한 초가집	草屋蕭踈架數椽
이곳의 풍광이 신선 세계 되었구나.	一區風物屬臞仙
거울 같이 맑은 못은 달과 어울리고	池淸涵鏡偏宜月

용처럼 서린 노송老松은 햇수를 모르겠네.	松老蟠龍不記年
입이 있다고 어찌 꼭 세상사를 말해야 하리	有口豈須談世事
생각 없이 내 천명을 즐길 만하네.	無思端可樂吾天
지금 비로소 생애가 족함을 알겠으니	如今始覺生涯足
길이 청산을 마주하여 취해 잠이 들겠네.	長對靑山任醉眠

몇 개의 서까래로 엮은 작은 정자 깨끗하고	少亭飄灑只三椽
안에는 신선 세계에 귀양 온 신선이 있네.	中有靑霞老謫仙
솔과 대, 비파와 거문고는 늘 그대로	松竹瑟琴常日日
바람과 꽃, 눈과 달도 해마다 그대로	風花雪月自年年
홀로 그윽한 맹세에 익숙하여 천석을 찾으나	幽盟獨慣尋泉石
누가 세속의 자취로 신선 세계에 들어가랴.	塵迹誰能入洞天
산옹의 참된 즐거움을 베끼고 싶다면	欲寫山翁眞樂處
청컨대 신필을 가진 용면을 고용하시기를.	請將神筆倩龍眠

첫 번째 시에서는 지수정의 주변 경관과 정자 이름을 짓게 된 연유를 설명하고, 두 번째 시에서는 비록 소박한 건물이기는 해도 경관은 신선들이 사는 곳과 같이 아름답기 그지없다고 강조한다. 이처럼 거울과 같이 맑은 곳에서 세상의 시시비비를 논하지 않겠다고 결심하기도 한다. 세 번째 역시 소나무와 대나무에서 나오는 자연의 음악소리를 들으며 신선의 세계로 들어갈 것이

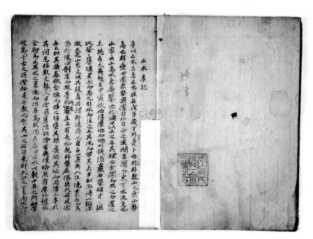

「지수정기止水亭記」

라고 한다. 3년 후 1618년에는 「지수정기止水亭記」를 작성하는데,
다음과 같다.

정자의 이름을 지수止水라 한 것은 물을 머물게 하는 데에 뜻
을 두었기 때문이다. 지난 무자년戊子年(1588)에 부친상을 당
하여 와룡산 언덕에 묘소를 썼다. 산세는 높고 계곡물이 곧장
쏟아져 내려 물의 흐름이 급하였다. 풍수가風水家가 이르기를
"산이 높고 물이 급한 곳에는 동구洞口에 못을 파서 물을 머물
게 하는 것이 또한 순리이다."라고 하였다. 나는 이 말을 듣고
그렇게 여겼지만, 차일피일 미루다가 오랫동안 이루지 못하였

다. 갑인년(1614) 가을에 와서야 비로소 빈 터를 얻었으나 지형
이 좁고 암석이 많았다. 조금씩 웅덩이를 파내려가고 방죽을
다졌으며, 흙을 쌓아 높이고 물을 끌어 대었다. 흘러오는 물을
머물게 하고 흘러가는 물을 머물게 하니, 반 이랑의 웅덩이는
맑은 거울이 되었다. 하늘빛과 산색이 서로 그 가운데를 비추
니, 진실로 이른바 '잔잔한 물결을 모은다'는 것이었다.

그는 지수정 주변에 숲을 조성한 뒤 '소심대小心臺'·'임경
대臨鏡臺'·'양성대養性臺' 등이라고 각각 명명했다. 이를 통해
부친에 대한 존경심을 간직하며 수양에 전념하겠다는 산림처사
로서의 결연한 의지를 다졌던 것이다. 이어 1621년에는 지수정
근처에 용동정사龍洞精舍를 건립했는데, 3년 후인 1624년에는 「용
동정사기龍洞精舍記」를 지었다.

만력萬曆 갑인년甲寅年(1614)에 용동龍洞의 입구에 못을 만든
것은 선영先塋 아래의 물살이 급하기 때문이었다. 그 다음해
을묘년(1615)에 못 위쪽에 정자를 짓고 '지수止水'라고 이름하
였다. 못을 만들고 정자를 지으니 대략 편히 쉬며 기오寄傲하
는 곳으로 삼을 만하였다. 모든 나의 친구와 손님 및 이 골짜기
를 동서로 지나가는 이들이 여기에 올라와 관람하고, 여기에
서 쉬며 여기에서 회포를 풀며 술을 마시어 하루도 빈 적이 없

었다. 그러나 난간에는 바람막이도 없어 유숙하기 어려웠다. 이것을 몹시 아쉬워하여 머물며 잘 수 있는 집을 지었던 회암 晦庵의 고사故事를 좇으려 했으나, 꾀는 졸렬하고 셈은 엉성하여 뜻은 있었으나 지체된 것이 여러 해였다. 천계天啓 신유년 辛酉年(1621) 가을이 되어 평소 나를 알고 있던 상인上人이 있었으니, 설화雪花가 그의 법명이었다. 그는 자못 부지런하고 성실하였고 문자文字를 이해할 수 있었으므로 함께 말할 수 있었다. 말이 여기에 미치자 안타까워하며 걱정을 하더니, 자신의 심력心力을 바치기를 바랐다. 나는 그의 뜻을 가상히 여기고 글을 지어 주며 친구 사이에 도움을 구하였다. 드디어 양식을 약간 장만해서 정자의 북쪽과 산의 남쪽 사이에 터를 잡으니, 못과 정자와의 거리는 겨우 시내를 사이에 하고 있었다. 산봉우리들이 둘러싸고 있어서 골짜기는 그윽하고 깊었으며 옆에 있는 한천寒泉은 맑고도 맛이 달콤하니 한평생 학문 닦을 곳을 여기에서 얻었다. 다음해 봄에 손을 빌려 재목을 모으고 공사를 벌이니 승려들이 힘을 합쳐 주어서 일을 쉽게 이루었다. 여름에 기와를 덮고 가을에 완공하였다. 상인은 공사를 부지런히 하여 민첩하게 마쳤다고 할 수 있다. 집은 모두 여덟 간으로, 가운데에 들보 하나를 건너지르고 좌우전후로 각각 반칸의 마루만큼 처마를 내었다. 그 동쪽에는 '한천재寒泉齋'를 두어 조상에 대한 끝없는 그리움을 담았으며, 그 서쪽에는 '다조다조寵'라는 부엌을 두어 아침저녁으로 불 때고 밥할 수 있게 하였다. 그 가운데는 '지숙료止宿寮'라는 숙소를 두어 손님들이 함께 자는 데에 편하게 하여 손님들을 즐겁게 하였고, 학도들의 잠자리를 두어 승려를 머물게 하였다. 또 모든 묘소의 제전祭奠과 기재忌齋의 여러 일에 혹 비를 만나면 모두 이곳에서 거행할 수 있으니, 집은 작아도 쓰임은 넓고 땅이 외져 마음이 세상일에서 멀어졌다. 산 이름은 와룡臥龍이고 마을 이름은 산동山洞이므로 합하여 '용동정사龍洞精舍'라 이름하였다. 창 앞에 네모난 못을 파고 연꽃을 심었으며, 섬돌 아래에 흙을 쌓아 화단을 만들어 국화를 심었다. 염계濂溪의 쇄락灑落을 상상하고 무이武夷의 청풍淸風을 끌어 그 못을 '정우당淨友塘'이라 이름하고 그 화단을 '은일오隱逸塢'라고 이름하였다.

조상에게 제사를 지낼 때 비를 피하고, 손님이 오면 묵으면서 자연을 감상하고, 학도들이 머물며 학문을 닦을 수 있는 공간으로 활용하기 위해 건립했다는 내용이다. 김득연은 지수정과 용동정사를 중심으로 강학과 교유를 하면서 수많은 문학작품을 창작했다. 그중에서 가장 대표적인 것은 국문 가사 「지수정가止水亭歌」이다. 이 작품은 156행으로 되어 있는데, 비슷한 시기에 지어진 정철鄭澈의 「관동별곡」(146행)·「사미인곡」(63행)이나 박인로朴仁老의 「태평사」(72행)·「누항사」(77행) 등에 비해 분량이 더

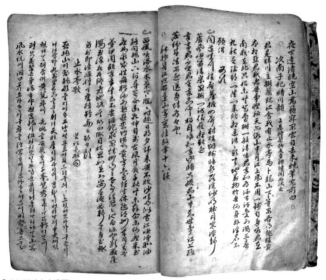

「지수정가止水亭歌」

길다. 「지수정가」의 줄거리는 ① 와룡산의 산세와 그곳에 선영을
조성한 내용 ② 지수정을 세운 까닭과 주변의 자연 풍광 ③ 지수
정을 중심으로 황지潢池에서 낙동에 이르는 낙동강 상류의 명소
와 문물 ④ 자연을 벗 삼아 풍월을 읊조리는 자신의 일상 ⑤ 와
룡산 주변에서 철마다 벌어지는 일들과 그곳에서 노니는 자신의
삶 ⑥ 낙이망우樂而忘憂하는 가운데 생기는 사친思親의 효孝와 우
국憂國의 심정 ⑦ 안분지족安分知足을 지향하는 도학자로서의 삶
등이다.

김득연은 60세에 지수정을 세운 뒤 그곳에서 학문을 연마하고 후학들을 가르치며 동학들과 교류를 하면서 시를 읊었다. 당시 지수정을 출입했던 인물로는 북애北厓 김기金圻 · 계암溪巖 김령金坽 · 수정재守靜齋 금발琴撥 · 옥산玉山 권위權暐 · 장곡藏谷 권태일權泰一 · 금역당琴易堂 배용길裵龍吉 · 호양湖陽 권익창權益昌 · 도헌陶軒 류우잠柳友潛 · 석남石南 이경준李敬遵 등이 있다.

3) 선친의 유업을 기리며 살다

김득연은 아버지 김언기가 가야마을에서 후학을 양성할 때 문하생들과 함께 가르침을 받았다. 이런 이유로 그의 인생에서 김언기는 아버지 그 이상의 존재였다. 김언기 역시 출중한 재능을 지닌 아들의 장래를 걱정하기는 마찬가지였다. 그래서 1579년 늦여름, 아들에게 청량산을 다녀오라는 명을 내린다. 이에 김득연은 8월 30일, 매헌梅軒 권눌權訥(1547~?) · 아우 만취헌晩翠軒 김득숙金得䃳(1561~1589)과 함께 5일치 양식과 술 한 동이를 마련해 길을 나섰다. 청량산으로 향하는 길에 오천烏川의 북애北厓 김기金圻(1547~1603) 형제와 근시재近始齋 김해金垓(1555~1593), 면진재勉進齋 금응훈琴應壎(1540~1616)을 차례로 방문해 안부를 주고받았다. 또 월천月川 조목趙穆(1524~1606)을 찾아뵙고 가르침을 구하라는 아버지의 당부가 있었던지라 월천에 들러 자초지종을 말씀드리니,

기꺼이 청량산 동행을 허락했다. 하지만 날이 저물어 일단 물러난 뒤 지인의 집에서 신세를 지기로 했다.

9월 1일, 날이 밝자 조목 선생을 모시고 길을 나섰다. 역동서원에 가서 알묘를 하고 도산으로 향했다. 애일당愛日堂에 들러 농암聾巖 이현보李賢輔(1467~1555) 선생을 기리고 다시 길을 떠났다. 이번에는 도산서원에 들어가 상덕사를 참배한 뒤 서원 곳곳을 둘러보면서 퇴계 선생의 자취를 돌아봤는데, 김득연은 당시의 상황을 "눈으로 보고 마음으로 그려보니 공경하는 마음이 저절로 일어나 옆에서 직접 모시고 가르침을 듣는 듯하였다."라고 술회하고 있다. 그리고는 "나의 태어남이 늦어 시습재時習齋 안에서 직접 모시고 배우지 못하였으니 평생의 큰 한이 아니겠는가?" 하고 아쉬움을 토로하기도 했다. 천광운영대天光雲影臺에 올라 탁영담濯纓潭을 굽어보고 천연대天淵臺에 올라 반타석盤陀石을 감상한 뒤 퇴계 선생의 묘소를 참배하고 청량산으로 발길을 돌렸다. 시내를 건너고 고개를 넘으니 마치 무릉도원과 같은 평온한 마을이 펼쳐졌다. 그 순간 김득연은 "태평성세를 만나지 못하여 평생 배우고 닦은 학문을 펼치지 못한다면 넉넉한 산촌과 적막한 강가에서 송아지를 안고 와서 직접 밭을 갈며 나무에서 열매 따 먹고 산골 물을 마시면서 생을 마쳐도 괜찮겠다."라면서 감탄을 쏟아내었다. 어느덧 해가 저물어 걸음을 재촉하면서 이곳저곳을 구경하다가 연대사蓮臺寺에 도착했다.

9월 2일, 이른 새벽에 식사를 마치고 절을 나섰다. 도중에 고운孤雲 최치원崔致遠 선생이 머물렀다는 치원대致遠臺에 들러 선생이 마셨다는 총명수聰明水를 들이키며 감회에 젖기도 했다. 안중사安中寺를 거쳐 상청량암上淸凉庵과 하청량암下淸凉庵을 감상한 뒤 점심을 먹고 김생굴金生窟로 향했다. 그곳에서 김득연은 김생의 정묘한 필법은 청량산의 예리한 봉우리와 칼날 같은 바위 끝에서 얻어진 것이라고 깨닫는다. 길을 나서서 문수사文殊寺에 들러 그곳에서 하룻밤을 묵었다.

9월 3일, 새벽밥을 먹고 하염없이 걷다가 원효대사가 머물렀던 원효암元曉庵을 둘러보고 만월암滿月庵에서 잠시 쉬던 중 암자 건물의 안쪽 벽에서 아버지 김언기의 이름을 발견한다. 뒷날 그는 당시의 상황을 "벽 가운데에 선조先祖의 휘諱자가 적혀 있어 유묵遺墨을 눈으로 보고 슬픈 마음을 감당하기 어려웠다."라고 기록하고 있다. 다시 걸음을 재촉해 서암西庵에 이르니 조목 선생이 기다리고 계셔서 함께 길을 나서 연대사를 지나 진불암眞佛庵에 들러 여정을 풀었다. 그날 밤 일행은 조목 선생을 모시고 유익한 말씀을 듣는 자리를 가졌다. 이에 대해 김득연은 "월천 어른을 모시는데 풍도를 우러러 받들고 덕이 가득한 말씀을 들으며 고금의 일을 두루 토론하고 어리석은 나를 깨우치니 배고픈 이가 넉넉히 먹고 묵은 병이 치유되는 듯하였다."라고 술회하고 있다.

9월 4일, 아침식사를 마치고 조목 선생을 모시고 길을 나섰다. 자비암慈悲庵과 도수암道修庵 등을 거쳐 금강굴金剛窟에 들렀다가 온계溫溪에서 선생을 전송한 뒤 일행들과도 작별 인사를 나누었다. 달이 떠오를 무렵 권눌과 아우 김득숙 등과 함께 가야마을에 도착해 아버지 김언기에게 인사를 올리고는 물러났다.

김득연은 청량산을 다녀온 뒤 7일 정도 지나 「청량산유록淸凉山遊錄」이라는 기록을 남겼다. 그는 "내가 열 살 때부터 이미 청량산이 있는 것을 알고 한 번 오르기를 원했는데, 15년 동안 이루지를 못했다. 나의 집이 산에서 겨우 하룻길 거리인데, 세상일에 얽매이다 보니 벗어나지 못하였다. 애태우며 세월만 보내다가 가을바람 부는 오늘에 비로소 발걸음을 옮겨 열두 봉우리를 볼수 있었다."라고 감회를 적고 있다. 덧붙여 "이 산은 안동부의 경계이면서 예안에 가까이 있기에 송재松齋 이우李堣 선생과 농암聾巖 이현보李賢輔 선생께서 앞서 일어났고 퇴계 선생께서 뒤를 이었다. 명유名儒와 석사碩士들을 많이 배출하니 '걸출함은 땅의 영특함' 덕분이라는 말을 어찌 믿지 아니하겠는가?'라고도 했다.

그의 청량산 유람은 총 5일간 행해졌는데, 그동안 잡영시雜詠詩 97수를 비롯해 「청량산음淸凉散吟」 등 백여 편의 시를 지었다. 이는 "자네들의 유람은 참으로 좋은 일이다. 남악南嶽의 고사古事에 의거하여 백여 편의 시를 짓는 것이 좋겠다."라는 아버지의 당부이기도 했다. 김득연은 1588년에 인생의 멘토였던 아버지가 숨을 거두자 시묘살이를 하면서 비바람이 치는 날에도 묘소 앞에서 통곡을 이어갈 정도로 비통함에 괴로워했다. 그로부터 30여 년이 흐른 1620년, 아버지의 기일이 돌아왔다. 제사를 모시고는 「돌아가신 날 감회가 있어[諱辰有感]」라는 시를 지었다.

내 나이 꼽아 보니 육십하고 여섯인데   屈指吾年六十六
인간 세상 이내 생애 하루살이에 견주네.   此生人世寄蜉蝣
천지 간의 서리 밟을 때 한없는 한恨은   乾坤霜露無窮恨
무덤 가의 도래솔에 수심을 다하지 못하네. 丘隴松楸不盡愁
자식의 아픔 깊어 마음이 절로 느끼니   風樹痛深心自感
추모의 마음 간절하여 눈물 먼저 흐르네.   羹墻慕切淚先流

그에게 아버지는 세상을 뜬 지 30여 년이 지났지만 눈물이 멈추지 않을 정도로 그리운 존재였다. 그래서 1621년에는 자신이 시묘살이를 하던 곳에 분암墳庵[祭閣]을 지어 아침저녁으로 성묘하며 그리움을 달랬다. 또 아버지 묘소 아래 정자를 세우고 생전의 유업을 이어가고자 했다. 이때 뜻을 함께 하는 동문들과 계를 만들어 친목을 도모하기도 했다.

백발의 노인님들 비 오는 날 오시니
인간의 좋은 일이 이밖에 또 없나이다.
앞으로 백년을 끝까지 삼고 매일매일 놉시다

온 산 가랑비 속에 술을 싣고 모두 오시니
작은 정자 풍경이 오늘은 더욱 좋구나.
모이신 귀하신 분들 잊을 수가 있겠는가
정자는 단지 삼간三間이고 연못은 겨우 반이랑[半畝]이로다.
무엇을 보려 비 오는데 또 오셨는가
이런 나를 버리지 아니하시니 그걸 감사하노라.

당시 결성한 계는 '낙계회洛溪會'다. 회원들은 매년 봄가을
이 되면 낙동강이 내려다보이는 풍광 좋은 곳에 모여서 시를 읊
으며 스승의 학덕을 기렸다. 위의 시는 국문시조 「계우재회가契
友齋會歌」로, 이날 역시 모임에서 느낀 흥겨움을 시로 표현해 두었
다. 이처럼 그는 삶의 궁극적 지향점을 아버지의 유업을 계승하
는 데에 두었다. 그의 이러한 결의는 다음의 시에서도 잘 드러나
있다.

세상에 태어난 지 지금까지 팔십 년
포의布衣의 가업은 다만 유업遺業이라네.
어려서는 정훈庭訓을 받들었으나 헛되이 어겼고
만년에는 과정科程을 포기하였으니 스스로 가련하네.
송국松菊은 도잠의 정원에서 아취雅趣를 이루고
단표簞瓢를 안회의 골목에서 천명天命으로 즐기네.

한가롭고 편안한 분수에 마음 넉넉하니
헛된 부귀영화는 쓸데없이 말하지 말라.
生世如今八十年　布衣家業但青氈
早承庭訓嗟空負　晚謝科程秖自憐
松菊陶園成雅趣　簞瓢顔巷樂吾天
閑中安分心猶足　餘外浮榮莫浪傳

1634년, 김득연은 자신의 여든 살 생일을 맞이한 심정을 「생일에 감회를 쓰다[初度日書懷]」라는 시로 표현한다. 팔십 평생 선친의 유업을 잇고자 살아왔지만 철들기 전에는 정훈庭訓(아버지의 가르침)의 중요성을 미처 깨닫지 못했고, 성년이 되어서는 과거시험을 포기한 자신을 스스로 가련하다고 자책하기도 한다. 하지만 자연 속에서 살아가는 자신의 삶을 천명天命으로 여기니 마음이 넉넉해진다고 스스로 위로한다. 그는 이로부터 2년 후 병자호란이 일어나자 인조임금이 굴욕적인 맹세를 했다는 소식을 전해 듣고 울분을 참지 못해 괴로워하다가 급기야 몸져 누워버렸다. 이듬해 1637년 9월 초순 무렵 병이 위중해지자 용동정사에서 가야의 자택으로 돌아왔는데, 그달 28일에 숨을 거두었다. 향년 83세였다.

고요히 수양하여 도를 간직하시고　　　　養靜存吾道

운림雲林에서 팔십 년을 사셨네.	雲林八十年
시서를 읽으며 외물外物을 잊고	詩書忘外物
가난한 살림에도 선현을 배웠네.	蔬飯學前賢
말세의 사람들이 어찌 미칠 수 있으리	末世士何及
공은 늙어 고상한 명망 온전히 했네.	高名公晩全
소미성少微星이 갑자기 광채를 감추니	微星忽掩彩
남쪽 사람들 눈물을 흘리도다.	南國爲潸然

풍뢰헌風雷軒 김시추金是樞(1580~1640)가 김득연을 위해 작성한 만사輓詞이다. 그는 안동 검제 출신으로, 학봉 김성일의 손자이다. 그의 눈에 비친 김득연은 80년 동안 세상일을 잊고 가슴 속에 도道만을 간직하며 은둔생활을 보낸 존경받는 인물이었다. 때문에 그의 명망은 후대 사람들이 감히 흉내낼 수 없을 정도로 광채를 발한다는 내용이다.

제3장 종가의 문화유산

龍溪書院

1. 기록문화

유일재종가는 2004년과 2010년 두 차례에 걸쳐 한국국학진흥원에 『유일재선생실기惟一齋先生實紀』(김언기 저술), 『용산세고龍山世稿』(김언기 외 저술) 등의 문집을 판각한 목판류 55장을 비롯해 『담암선생실기潭庵先生實紀』(김용석 저술), 『갈봉유고葛峯遺稿』(김득연 저술) 등의 고서류 399종 828책, 교지敎旨를 포함한 고문서류 767점, 서화書畵를 포함한 기타류 36점 등 모두 1,686점을 기탁했다. 고서의 경우 경사자집經史子集으로 분류하면 경부經部 29종 118책, 사부史部 26종 179책, 자부子部 8종 10책, 집부集部 336종 521책 등 총 399종 828책이고, 고문서류는 교지敎旨에서 성책成册까지 모두 767점이다. 이들 자료를 토대로 『광산김씨 유일재종택

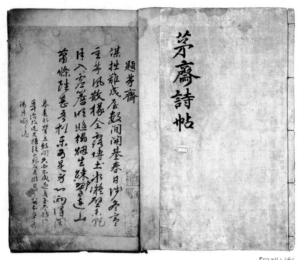

『모재시첩』

국학자료 목록집』이 발간되었는데, 이를 참고 삼아 유일재종가
의 기록문화를 살펴보기로 하자.

• 『모재시첩茅齋詩帖』(필사본, 1책)

유일재 김언기의 「제모재題茅齋」와 동문과 후학 등 35명이 차
운한 시를 수록한 시첩이다. 김언기가 모재에 대해 읊은 7언율
시 1수를 비롯해 구봉령 · 김팔원 · 권호문 · 권춘란 · 김부
륜 · 김성일 등 동문의 차운시가 실려 있다.

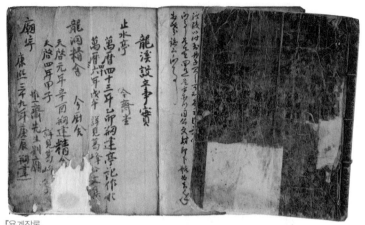

『용계잡록』

• 『용계잡록龍溪雜錄』(필사본, 1책)

김언기를 모시고 있는 용계서원 관련 자료를 수록해 둔 필사
본이다. 장곡藏谷 권태일權泰一(1569~1631)의 「회전상향축문會
奠常享祝文」, 고재顧齋 이만李槾(1669~1734)의 「옥계서원 상향
축문玉溪書院常享祝文」, 대산大山 이상정李象靖(1711~1781)의
「용계정사 상향축문龍溪精舍常享祝文」 등 김언기의 학덕을 칭
송한 글과 용계서원을 건립하기 위해 각 서원으로 보낸 「통문
通文」과 「회문回文」 등이 실려 있다.

• 『오대사마방목五代司馬榜目』(1631년, 필사본, 1책)

김득연이 1631년에 사마시 합격자의 방목을 필사해 놓은 책이

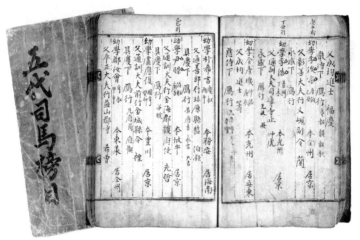

『오대사마방목』

다. 그의 증조부 김용석金用石(1453~1523, 1472년 진사), 조부 김
주金籌(1493~?, 1528년 진사), 부친 김언기金彦璣(1520~1588, 1567
년 생원), 본인 김득연金得研(1555~1637, 1612년 생원진사), 아들
김광주金光澍(1580~1616, 1616년 생원) 등에 대한 내용이다.

• 『용산세고龍山世稿』(1755년경, 목판본, 6권 3책)
김언기의 『유일재선생일고惟一齋先生逸稿』, 김득연의 『갈봉선
생유고葛峯先生遺稿』, 김득숙의 『만취헌일고晚翠軒逸稿』, 김광
원의 『석당유고石塘遺稿』 등 4인의 문집을 합본해 두었다. 『유
일재선생일고』에는 시詩, 부賦, 서書, 잡저雜著, 부록附錄, 『갈

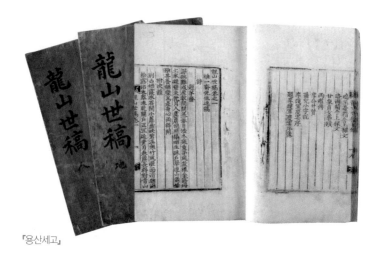

『용산세고』

봉선생유고』에는 시詩, 서序, 서書, 발跋, 잡저雜著, 제문祭文, 기記, 부록附錄, 『만취헌일고』에는 시詩, 부부賦, 설說, 론論, 제문祭文, 부록附錄, 『석당유고』에는 시詩, 소疏, 서書, 잡저雜著 등이 수록되어 있다.

- 『갈봉유고葛峰遺稿』(필사본, 1책)

첫 부분에 「지수정기止水亭記」와 지수정 8경 등의 시를 비롯해 스승과 지인을 애도한 만시 등이 실려 있으며, 청량산을 유람하고 나서 작성한 「청량산유록清凉山遊錄」도 수록되어 있다. 산문으로는 「용동정사기龍洞精舍記」, 「서송소유권후書松巢遺卷後」, 「제한강정선생문祭寒岡鄭先生文」, 「제백담구선생문祭栢

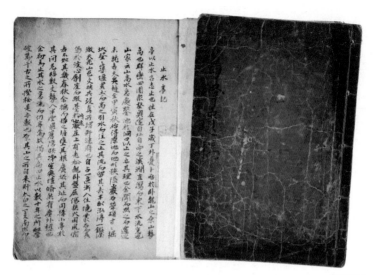

潭具先生文」,「제회곡권선생문祭晦谷權先生文」 등의 제문이 실려 있다.

• 정초간서모草澗書(유일재 친필, 1책)
유일재 김언기가 여강서원 초대원장이 된 후 1573년 11월 2일 안동부사 초간 권문해에게 서원을 국학으로 승격시켜주기를 청하는 내용을 담은 편지이다. 김언기는 퇴계 이황이 풍기군수 재임 시절 심방백沈方伯에게 백운동서원을 국학으로 승격시켜 줄 것을 청한 편지를 본받아 안동부사에게 「정초간서」를

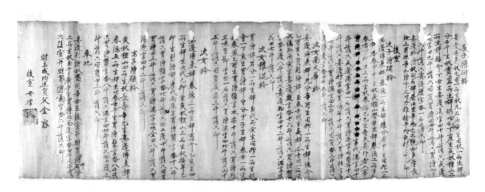

분재기

올렸다.

• 분재기分財記(1588년, 필사본)

김언기가 69세 되던 해인 무자년(1588) 2월에 전후실前後室의
소생 8남매에게 재산을 분배하면서 작성한 허여문기許與文記
이다. 재주財主 김언기는 수결手決을 했고 후실모後室母 이씨
李氏는 도장을 날인하고 보증인 안제安霽와 집필執筆 김언령金
彦玲은 수결을 하였다. 또 뒷부분에 모이씨母李氏가 기해년
(1599) 2월에 봉사위奉祀位 부분을 추가로 보충하고 집필執筆은
말자末子 김득의金得礒가 하였다.

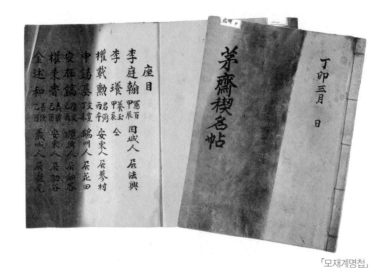

「모재계명첩」

• 「모재계명첩茅齋稧名帖」(성책成冊, 필사본)

김언기가 제자들을 양성했던 모재茅齋를 기리기 위해 모재계
茅齋稧를 결성한 뒤 참여한 사람의 성명姓名, 자字, 생년生年,
본관, 거주지 등을 기록해 두었다.

• 용산회전시참회록龍山會奠時參會錄(성책成冊, 필사본)

김언기 묘소 아래에 있는 용산재사龍山齋舍에서 향사를 지낼
때 참석한 사람을 기록한 것이다. 앞 부분에 신미년(1871) 김도
화金道和(1825~1912)가 지은 서문이 있고, 중간에 참여한 사람
의 성명姓名, 자字, 생년生年, 제자들의 관계, 거주지 등을 기록

교지-생원시

해 두었다.

• 교지敎旨(1612년, 생원시)

김득연이 광해군 4년(1612) 생원시에 합격한 백패白牌이다. 2
등 제5인의 성적이다.

教旨
幼學金得研進士二等第十一人入格者
萬曆四十年七月十六日

교자–진사시

• 교지教旨(1612년, 진사시)

김득연이 광해군 4년(1612) 진사시에 합격한 백패白牌이다. 2
등 제11인의 성적이다.

• 시권試券(1612년)

김득연의 생원시 시권이다. 『논어』「헌문편憲問篇」의 거백옥

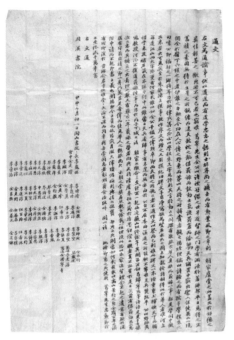

통문

蘧伯玉이 보낸 사자가 "선생께서는 무얼 하시나?"라는 공자의
질문에 "허물을 적게 하려고 하시나 아직 능치 못합니다."라고
한 대목에서 욕과기과欲寡其過에 대해 논한 대책문對策文이다.

• 시권試券(1612년)
김득연의 진사시 시권이다. 『맹자』 「이루상離婁上」의 "어려운

일을 임금에게 권하는 것을 공恭이라 하고, 선善을 말하여 사
특함을 막는 것을 경敬이라 한다."에 나오는 책난어군責難於君
과 진선폐사陳善閉邪를 논한 대책문對策文이다.

• 통문通文(1824년)
주계서원에서 김득연의 절의와 임진왜란 때 세운 공훈에 대하
여 대궐에 함께 알리자고 도산서원 원장에게 보낸 통문이다.

유일재종가의 기록자료는 임진왜란 등을 거치면서 대부분
소실燒失되어 거의 남아있지 않다. 이런 이유로 한국국학진흥원
에 기탁된 1,686점 가운데 유일재종가와 직접적으로 관련된 자료
는 극히 소량이다. 하지만 소장 자료의 시대적 배경이 16세기부
터 20세기에 걸쳐 있고, 주로 영남지방에서 생산된 것이기 때문
에 조선시대 지방사와 향촌사림의 연구에 중요한 자료로 활용할
수 있다.

2. 건축문화

1) 유일재 종택

　안동 시가지에서 북쪽으로 향하다가 와룡면사무소의 삼거리에서 우회전하여 8백미터 정도를 가면 드넓게 펼쳐진 논 뒤편으로 오래된 은행나무와 함께 'ㅁ'자 형태의 고택이 보인다. 광산김씨 유일재 종택이다.

　유일재惟一齋 김언기金彦璣(1520~1588)는 풍천면 구담에서 태어나 혼인을 하고 나서 와룡면 이계리로 옮겨 살았다. 그곳에서 첫째 부인을 잃고 둘째 부인 영천이씨에게 장가들면서 처가의 세거지인 가야리로 이거하여 말년을 보냈다. 장남 갈봉葛峯 김득연金

得研(1555~1593)이 그의 혈통을 계승하여 유일재종가를 형성하는데, 1700년대 무렵 김언기의 9대손인 김도상金道常(1778~1840)이 가구리의 순흥안씨로부터 현 종택을 구입하면서 광산김씨 유일재종가의 가구리 입향이 이루어진다. 종택의 건립연도는 1600년대 후반으로 추정되고 있으며 경상북도민속자료 제113호로 지정되어 있다.

종택 건물은 살림채인 정침과 사당, 방앗간채로 구성되어 있다. 정침은 대문을 중심으로 좌우에 사랑채와 행랑채가 일자형을 이루고 있으며, 그 뒤편에 자리한 안채를 중심으로 좌우익사와 연결된 폐쇄적인 'ㅁ'자 형태를 취하고 있다. 정침은 'ㅁ'자의 앞부분 끝자락 좌우로 각각 1칸씩 돌출되어 있는 구조이다. 정침의 좌측 언덕에는 사당이 자리하고 있으며 우측에는 방앗간채가 놓여있다. 정면 6칸, 측면 2칸 규모의 안채는 안대청·안방·건넌방·부엌으로 구성되어 있다. 안채로 들어서면 'ㅁ'자 모양의 안마당이 펼쳐지고 안채 중앙에는 정면 3칸, 측면 2칸 규모의 안대청이 있다. 이곳에서 유일재 김언기의 불천위 제사를 봉행한다. 안대청 우측에는 안방을 배치했으며, 좌측으로는 툇마루를 둔 온돌방과 마루방을 두었다. 우측의 안방에는 부엌과 고방이 연결되어 우익사를 구성하고 있다. 좌측의 온돌방과 마루방 옆으로 협문을 설치해 둠으로써 여성들이 사랑채를 거치지 않고 출입할 수 있도록 해두었다. 협문 아래로는 통래간과 헛방

유일재 종택

유일재 종택 안채

유일재 종택 사당

을 두어 좌익사를 이루면서 정침 정면부의 행랑채와 연결되도록
했다. 사랑채는 정면 3칸, 측면 1칸 반이며, 좌측에 사랑대청을
두었고 그 우측으로 툇마루를 설치한 사랑방을 배치하였다. 사
랑방의 경우 방문 사이에 세워둔 나무기둥 '설주' 가 특징적이다.
이는 안대청 뒤창문의 띠장널창에서도 나타나는데, 영쌍창靈雙窓
이라고 한다. 영쌍창은 방문이나 창문 중앙에 기둥을 세워 둠으
로써 문이 두 개로 보이도록 하는 효과를 나타낸다. 이런 형식은
18세기 이후에는 거의 자취를 감춰버린 것으로, 이를 통해 유일
재 종택은 적어도 18세기 이전에 건립되었음을 추측할 수 있다.

대문 우측의 행랑채는 외양간과 머슴이 거처했던 모방, 온돌방으로 구성되어 있다.

정침 서쪽 편에는 나지막한 언덕을 조성하여 그 위에 사당을 세웠다. 사당 건물은 정면 3칸, 측면 1칸 반의 규모이며, 전면에 반 칸 정도의 툇간을 두었다. 내부에는 신주를 모셔두는 벽감이 설치되어 있는데, 이서위상以西爲上의 원칙에 따라 가장 서쪽에 불천위인 유일재 김언기의 신주를 모시고 그 아래로 종손의 4대조 신주를 안치해두었다.

2) 긍구당 고택

안동 시가지에서 예안 방면으로 향하다가 와룡면 주계리 경로당에서 직진하면 좌측 편에 개실마을 정류장이 나타난다. 정류장 옆길을 따라 약 1km 정도 가면 우측 산자락에 광산김씨 긍구당肯構堂 고택이 자리하고 있다.

긍구당 고택은 원래 영천이씨 참봉댁이었으나 유일재 김언기가 영천이씨와 혼인한 뒤 물려받은 것으로 전한다. 이로 볼 때 긍구당 고택은 적어도 16세기 이전에 건립되었다는 추측이 가능하다. 이후 긍구당 고택은 차남인 만취헌晩翠軒 김득숙金得䃤(1561~1589)이 물려받았으며, 현재 그의 후손들이 살고 있다. 당초 긍구당 고택은 99칸에 이를 정도로 큰 규모의 가옥이었지만 수차

긍구당 고택

레의 개축과정을 거치면서 대폭 축소되었다. 고택 건물은 정침
과 사당, 방앗간채, 외양간채로 구성되어 있다. 정침을 중심으로
서쪽에는 방앗간채와 외양간채를 배치했으며 정침의 동쪽 언덕
에는 사당이 자리하고 있다. 2000년 경상북도유형문화재 제315
호로 지정되었고, 사당에 안치된 감실은 2011년 민속자료 제142
호로 등록되었다.

정침은 정면 5칸, 측면 5칸의 규모로 중앙에 안마당을 배치
한 'ㅁ'자형 구조이다. 전면의 대문을 중심으로 서쪽에 문간채를

긍구당 고택의 감실

배치했으며 동쪽에는 사랑채가 있고 그 뒷면으로 안채가 놓여있
다. 아울러 정침에는 동쪽과 남쪽 그리고 북쪽을 향해 각각 3곳
에 문이 설치되어 있는데, 주된 출입은 동문을 이용한다. 이 문을
통해 안채로 들어서면 안대청을 중심으로 서쪽에는 안방과 뒷방
이 있으며 그 옆으로 부엌이 배치되어 있다. 대청 동쪽으로는 뒷
방과 상방을 두었고 상방 아래로 장서실을 마련하여 사랑채와 연
결시켰다. 사랑채는 정면 3칸, 측면 2칸의 규모이다. 툇마루를 설
치한 2칸 규모의 사랑방과 1칸 크기의 사랑대청이 있다. 대청 뒤

쪽으로 안채와 연결되어 있는 1칸 크기의 장서실이 자리한다. 사랑대청에는 '긍구당肯構堂'이라고 쓴 편액이 걸려있고, 사랑방 방문 위쪽에는 '오매당五梅堂'이라는 편액이 있다. 오매당은 유일재 김언기의 손자인 오매당五梅堂 김광부金光溥(1524~1598)의 호이며, 편액 글씨는 매헌梅軒 금보琴輔(1521~1584)가 쓴 것이다. 긍구당 고택의 '긍구당'은 김언기의 현손玄孫인 긍구당肯構堂 김세환金世煥(1640~1703)의 호에서 유래한다. 『서경』의 「대고大誥」편에 나오는 말로, '조상들이 이루어 놓은 훌륭한 업적을 소홀히 하지 말고 길이길이 이어 받으라'는 의미를 담고 있다. 행랑채는 사랑채와 일직선으로 배치된 남문 왼쪽에 자리하고 있다. 전면에 1칸 규모의 통마루와 문간방을 각각 두었고, 통마루 뒤편으로 1칸 크기의 고방이 있다.

사당은 정침 좌측의 나지막한 언덕 위에 정남향으로 자리하고 있다. 최근 블록으로 담장을 쌓아올림으로써 마치 별곽別廓과 같은 느낌을 주기도 한다. 사당 건물은 정면 3칸, 측면 1칸 반의 규모로, 지붕은 홑처마의 맞배지붕이다. 사당 내부에 4대조의 신주를 모신 감실이 있으며, 이들 모두 2011년 민속자료 제142호로 지정되었다. 감실은 17~18세기에 제작된 것으로 추정된다. 직사각형 형태의 일반적 감실과 달리 기와를 올린 가옥 모양을 하고 있으며 난간, 창호, 지붕 장식 등이 매우 이채롭다.

3) 용계서원과 용산보덕단

김언기가 후학을 양성하던 곳은 가야마을의 모재서당茅齋書堂(일명 가야서당佳野書堂)으로, 1561년 그의 나이 42세 때 건립되었다. 『영가지永嘉誌』에 서당 관련 기록이 다음과 같이 실려 있다.

안동부의 동쪽 가야佳野 남록南麓에 있다. 생원 김언기가 후생을 훈도하기 위하여 창건했다. 원근의 학자들이 모여 들었다. 임란 후에 폐기했는데, 진사 권눌이 원강遠岡에 이창했으니 인하여 '원강서당遠岡書堂'이라 했다.

김언기는 서당을 세운 뒤 '모재茅齋'라는 현판을 걸어두었다. '모茅'는 띠풀을 의미하는데, 자신의 집을 겸양하여 붙인 이

모재 현판

름이다. 모재와 관련된 기록으로 「제모재題茅齋」라는 시詩와 동문과 후학 등 35명이 차운한 시를 수록한 『모재시첩茅齋詩帖』이 있다. 또 후대에 이르러 그의 학덕을 기리기 위해 결성된 모재계茅齋楔의 회원 명단을 기재해둔 「모재계명첩茅齋楔名帖」이 전하며, 1927년에 작성된 「모재수계첩茅齋修楔帖」을 비롯해 1930년 모재를 중건할 당시의 「모재기茅齋記」 등이 남아 있다.

현재 서당 건물은 남아있지 않으나, 그의 「행장」을 통해 약간의 정보를 얻을 수 있다. 이에 따르면 모재서당은 김언기가 거처하던 '유일재惟一齋'를 비롯해 제자들이 기숙하던 '관선재觀善齋' 그리고 '광풍헌光風軒' 등으로 이루어져 있다. '관선재' 의 '관선觀善' 은 친구들끼리 서로 좋은 점을 본받아 배우는 것을 뜻하는데, 『예기』의 "군자다운 사람은 서로 좋은 점을 보고 배운다 [君子觀善]." 에서 따온 말이다. '광풍헌' 의 '광풍' 은 광풍제월光風霽月의 줄임말로, 송나라의 대표적 시인인 황정견黃庭堅(1045~1105)이 주돈이周敦頤(1017~1073)를 가리켜 "그 인품은 매우 고결하고 마음이 깨끗하여 마치 맑은 날의 바람과 비 개인 날의 달과 같구나 [其人品甚高胸懷灑落如光風霽月]." 라고 말한 데서 유래한다.

임진왜란 이후 서당 건물이 쇠락하자 문인들은 스승의 학덕을 기리기 위해 와룡면 산야리에 자리한 그의 묘소 주변에 용산 보덕단龍山報德壇과 용계서원龍溪書院을 건립했다. 이와 관련된 내용이 『용계잡록龍溪雜錄』, 「보덕단추모수계안報德壇追慕修稧案」,

용산보덕단

「보덕사환안시일기報德祠還安時日記」, 「용산보덕단이설시일록龍山

報德壇移設時日錄」 등에 나타나는데, 정리하면 다음과 같다.

- 1561년 김언기는 서사書舍 여러 칸을 지어 후학을 양성함
- 1588년 3월 15일 정침에서 숨을 거둠
- 1592년~1598년 임진왜란
- 1606년 장곡 권태일이 보덕단 설단에 관한 통문을 보냄
- 1778년 용계서원(보덕사報德祠)을 건립한 뒤 김언기의 신주
  를 독향으로 모심
- 1795년 보덕사에 김언기의 신주를 되돌려 안치함

- 1796년 인재 권대기와 담암 김용석을 추향하고 존학사로 명명함
- 1869년 대원군의 서원훼철령으로 용계서원이 철폐됨
- 1878년 김언기의 묘소 아래 보덕단을 설치하여 향사를 지냄
- 1943년 김언기의 신주를 보덕단으로 이설함
- 1988년 지금의 장소에 보덕단을 이건하고 향사를 지냄

내용을 보듯이 김언기가 숨을 거두고 나서 17년 후인 1606년에 보덕단이 건립되었으며, 당시 장곡藏谷 권태일權泰一(1569~1631)은 「회전상향축문會奠常享祝文」을 작성하여 문하생들과 함께 향사를 올렸다.

진실로 선생님은 인의충효仁義忠孝 덕의를 갖추신 자질이시며 덕업과 문장은 본받고 배워야 할 훌륭하신 스승이십니다. 지각이 있는 자도 가르치시고 몽매한 자도 가르쳐 깨우치시니 생도들이 날마다 모여 들었으나 선생께서는 태연하셨으며 우리의 무지함을 면하게 해주심은 그 누구의 공功이던고. 남기신 덕업은 오늘까지도 원근에 자자하도다! 드높은 와룡산에 체백體魄을 모셔 봉분이 우뚝하여 지나는 자도 옷깃을 여미나니 하물며 우리들의 사모함이야 더욱더 어떠하리! 선생께서 걸어오신 훌륭하신 대도大道를 어찌 아니 존경하리오! 좋은 날

용계서원

을 가려서 정성껏 드리는 맑은 술잔에는 향훈香薰이 서리고 조

아려 절하오니 선생님이 계시는 듯하여라!

단향제壇享祭는 약 173년간 지속되었다. 이후 1778년 용계서
원을 건립할 때 보덕사報德祠를 함께 세워 김언기를 주향으로 모
시고 향사를 지내오다가, 1796년 담암潭庵 김용석金用石(1453~1523)
과 인재忍齋 권대기權大器(1523~1587)를 추향한 뒤 존학사尊學祠로
명명하고는 향사를 이어나갔다. 하지만 1869년 서원훼철령으로
인해 용계서원은 철폐되기에 이른다. 서원이 훼철된 후 문하생
들은 1878년에 스승의 묘소 아래 '선사유일재김선생보덕단先師

용계서원 현판

'惟一齋金先生報德壇'이라고 새겨진 비석을 다시 조성하여 김언기를 독향獨享으로 모시고 매년 3월 상정上丁에 향사를 지내왔다. 그러나 김언기의 묘소 아래로 둘째 부인 영천이씨와 장남 갈봉 김득연의 묘소가 연이어 자리하고 있는 탓에 향사를 거행할 공간이 턱없이 협소했다. 이에 보덕단 이건 문제가 수차례 거론되었으나 좀처럼 시행하지 못하다가 1988년에 이르러 현재의 자리로 이단移壇하게 되었다.

현재 용계서원에는 강당 건물 1동과 부속 건물 1동이 남아있다. 강당은 막돌 초석 위에 사각의 주초를 놓고 각주를 세운 정면 4칸, 측면 2칸의 규모이며 홑처마 맞배지붕이다. 강당 중앙에는 5칸 크기의 마루를 배치했으며, 좌우로 2칸 규모의 온돌방을 두었다. 용계서원의 '용계龍溪'는 서원 뒤쪽에 자리한 '와룡산臥龍山'에서 유래했다. 용계서원의 변천과정을 보여주는 자료로는

『용계잡록龍溪雜錄』·「용계서사심원록龍溪書社尋院錄」·'용계서사龍溪書社 현판' 등이 있다. 현판은 '용계서사'·'용계서원'·'홍교당興敎堂'·'존학사尊學祠'·'성극재省克齋'·'직방재直方齋' 등이 남아 있다. '홍교당'은 용계서원 강당 편액으로 사용된 것으로, 서원을 중심으로 학문을 진흥시키겠다는 뜻을 담고 있다. '존학사'는 용계서원의 묘우廟宇 편액으로, 김언기의 학덕에 대한 존모의 마음을 담고 있다. 1778년 용계서원에 묘우가 설립될 당시에는 '보덕사'라고 했으나, 김용석과 권대기를 추향하면서 '존학사'로 변경되었다. '성극재'와 '직방재'는 유생들이 기거하는 동서재에 각각 사용된 현판이다. '성극'은 '성신극기省身克己'의 줄임말로, 자신의 과실을 세밀하게 살펴서 자신으로 인해 초래되는 사사로움을 강한 의지로 극복하는 것을 말한다. '직방'은 「주역」의 "경敬으로써 마음을 곧게 하고, 의義로써 행동을 반듯하게 한다敬以直內義以方外"는 데에서 유래한다. 즉, 내면을 길러 외면을 다스릴 수 있어야 군자라는 의미를 담고 있다.

제4장 **종가의 의례문화**

제례문화의 변화를 논할 때 '시의성時宜性'이라는 용어가 자주 등장한다. 때[時]에 부합하는 속성이라는 뜻으로, 현실적 상황을 고려하여 예를 수행하는 것을 일컫는다. 이런 속성이 제례현장에서 발현된 것을 시속례時俗禮(혹은 속례俗禮)라고 한다. 예의 수행에서 시의를 중시하는 것은 당대 상황을 감안한다는 의미로, 시대에 적합한 방향으로 바뀌어가는 것을 말한다. 제례문화를 둘러싼 일련의 변화양상은 종가에서도 적지 않게 나타나고 있다.

첫째는 제사시간이다. 즉, 자시子時(밤 11시~1시) 봉행을 기일의 저녁 시간대로 바꾸는 형태이다. 제사시간의 변화요인으로는 두 가지가 지적된다. 우선 제관의 고령화다. 청장년층의 도시이주현상으로 세대교체를 미처 하지 못한 관계로 제관의 고령화를 맞게 되었는데, 실제로 불천위 제례에 참사하는 제관들 대부분 70~80세를 넘긴 노년층이다. 그런데 자시子時에 제사를 시작하여 새벽 1~2시 무렵에야 끝나는 일정은 고령자들에게 부담스러울 수밖에 없다. 이런 이유로 제례현장에서는 분정分定이 힘들 정도로 제관의 숫자가 급격히 줄어들고 있는 실정이다. 다음은 제례음식 담당자의 변화이다. 문중을 형성한 파시조의 불천위 제례는 종가를 넘어 문중 차원에서 거행된다. 그래서 남성 제관과 마찬가지로 집안여성들도 동원되어 종부를 중심으로 제물 장만 등의 일손을 거들어왔다. 하지만 최근에는 제관의 고령화와 더불어 농촌에 남아있는 집안 여성들 또한 고령화를 맞이했다. 그러다보니 제례 참여가 자연히 힘들어졌으며, 이로 인해 제례음식의 장만을 일용직 인력에 의존하게 되었다. 그런데 제사봉행을 끝내고 음복까지 뒷마무리하고 나면 새벽 3시를 넘기곤 하는데, 자연히 귀가의 고충이 뒤따른다. 이런 상황에서 인력을 구하기란 결코 수월치 않다. 따라서 이런 복합적 이유로 제사시간의 변경이라는 방향으로 돌아서게 되었다.

둘째는 설위設位 방식이다. 기제사에서 신주를 안치하는 방식에는 기일을 맞이한 조상만을 모시는 고비단설考妣單設과 내외분을 함께 모시는 고비합설考妣合設이 있다. 『주자가례』에는 "아버지의 기일이라면 아버지 한 분의 신위만 설치한다. 어머니의 기일에는 어머니 한 분의 신위만 설치한다. 할아버지 이상과 방친傍親의 기일도 모두 그러하다."라고 명시되어 있다. 그런데 최근 들어 합설과 유사한 형태의 '합사合祀'라는 것이 새로이 나타났다. 합설이 고위와 비위 제사 때마다 내외분을 함께 모시는 형태라면, 합사는 한 조상의 기일에 내외를 모시고 나머지 조상의 제사를 생략하는 방식이다. 제사상에 고위와 비위를 함께 모시는 점에서는 기존의 합설방식과 동일하지만, 고위의 제사만을 지내고 비위의 제사를 생략한다는 점이 다르다. 즉, 4대조상의 내외분을 기준으로 1년에 8번 제사를 거행하는 것이 원칙이지만 비위 제사를 생략함으로써 4번으로 단축되는 것이다.

셋째는 향사享祀의 범위이다. 오늘날 일반가정에서 고조부모까지의 4대봉사를 거행하는 경우는 매우 드물다. 종가 역시 마찬가지다. 불천위 제례 외에 종손의 4대조 기제사에서 대수代數를 축소하는 변화가 나타나고 있는 것이다. 사실 1485년(성종 16)에 반포된 『경국대전』에는 "문무관 6품 이상은 부모·조부모·증조부모의 3대를 제사하고 7품 이하는 2대를 제사하며, 서인은 단지 부모만을 제사한다."라고 기록되어 있다. 하지만 18세기로 접어들어 『주자가례』가 사대부층을 비롯해 서민층까지 널리 보급됨에 따라 신분 관계없이 상례와 제례에서 4대조상을 모시는 이른바 탈신분적 제사 관행이 자리 잡게 되었다. 이런 점에서 향사 범위의 단축 양상은 전통적 규범에 근거한 일종의 회귀 현상이라고 할 수 있다.

1. 유일재 김언기의 불천위 제례

2017년 양력 4월 11일, 김언기의 불천위 제례를 조사하기 위해 와룡면 가구리에 위치한 유일재종가를 방문했다. 유일재종가에서는 김언기와 배위 영양남씨와 영천이씨를 합사合祀 방식으로 지내고 있다. 기일은 음력 3월 15일(유일재 김언기), 12월 5일(영양남씨), 8월 16일(영천이씨)이다. 전통적으로 유일재종가에서는 입재일入齋日인 기일 전날에서 기일로 넘어가는 자정에 제사를 봉행해 왔으며, 기일에 해당하는 신주만을 모셔오는 단설單設 방식을 취해왔다. 하지만 제관이 점차 감소함에 따라 2003년부터 자정 제사를 저녁 8시로 바꾸었고, 고위와 배위를 함께 모시는 합사合祀 형태로 변경했다. 불천위 제례의 봉행장소는 안채 대청 정침이다. 참고로 제사 주관은 14대 종손 김용진金容震(1926~)이 부재상황인지라 15대 종손인 김효기金孝基(1982~)가 수행하고 있다.

1) 제물을 장만하다

제물 장만에서 특별히 지켜야 할 금기는 없으나 자극적인 양념은 사용하지 않는 것이 전통적 관행이다. 제물은 대추·밤·배·감 등의 과일류를 비롯해 도라지와 고사리 등의 채소류, 그리고 도적에 사용되는 문어와 고등어 등의 각종 어물 및 육류이다. 별도의 위토位土가 조성되어 있지 않는 관계로 제사 봉행에 소요되는 모든 비용은 종가에서 부담한다. 제물 가운데 가장 중요한 것은 도적과 떡[餠]이다. 예전에는 집에서 도적을 괴고 떡을 빚는 등 직접 장만했지만, 약 10년 전부터 제물 제작을 전문적으로 취급하는 단골가게에서 주문하고 있다. 즉, 안동 시가지에 위치한 생선가게와 떡집에 제물의 구성물과 높이 등에 관한 정보를 알려주면, 완성품을 만들어주는 것이다. 예전과 달리 일손이 부족한 이유도 있으나 도적이나 떡을 괴는 기술을 갖춘 이들이 점차 사라지고 있기 때문이다. 사실 이는 제례문화 전반에서 나타나는 현상이기도 한데, 이런 이유로 축문을 낭독하는 독축讀祝 수행이나 제례 진행의 홀기를 읽는 창홀唱笏 절차의 수행에도 많은 어려움이 초래되고 있다.

진기陳器

　　과일은 대추와 밤, 그리고 배와 감을 기본으로 준비하는데 조동율서棗東栗西의 진설방식을 준수하기 위함이다. 그 외 수박·참외·사과 등 계절과일을 비롯해 유과와 같은 조과造菓 등을 추가하기도 한다. 다음으로 채소(나물)이다. 유일재종가에서는 제사 때 올리는 채소를 삼채三菜라고 통칭한다. 세 가지 종류의 채소라는 뜻으로, 청채靑菜·과엽경채果葉莖菜·근채根菜로 구성된다. 청채는 잎사귀가 푸른 채소로 시금치를 올리는데, 계절에 따라 냉이 등을 사용하기도 한다. 주목되는 것은 과엽경채이다. 이는 엽채葉菜에 해당하는 것으로, 유일재종가에서는 과채果菜(과일채소)라고 해서 박나물과 가지나물 말린 것을 사용하고, 엽채로는 배

도적

떡

메

탕

추나물을 담고, 경채莖菜(줄기채소)로는 고사리와 토란줄기를 올린다. 근채는 도라지나 콩나물, 무와 같은 뿌리채소를 말한다.

　도적은 제사에서 가장 중요하게 여기는 제물이다. 쇠고기를 비롯해 문어와 방어, 닭고기 등을 괴어 올리는 제물로, 떡[편編]과

면

포

삼채

편적

함께 제사의 위상을 드러내는 지표가 되기 때문이다. 『예기』의
"대향大饗에서는 날고기[성腥]를 올리고, 3헌의 제사에는 데친 고
기[섬爓]를 올리며, 단헌의 제사에서는 익힌 고기[숙熟]를 올린다."
라는 것에 근거해 불천위 제사에서는 익히지 않은 날고기를 사용

메밀묵

식혜

메좌반

청장

하는데, 유일재종가 역시 전통적으로 날고기를 올려왔다. 하지
만 지금은 숙육熟肉으로 바뀌었다. 그 배경에는 음복문화의 변화
가 자리한다. 예전에는 제사를 지내고 먹는 음복을 '복밥'이라고
해서 나물비빔밥이 전부였으며, 과실이나 떡을 비롯해 어물과 육

편청–떡을 찍어먹는 조청

류 등은 '봉개'를 싸서 제관들이 집으로 돌아갈 때 나누어주었다. 그런데 최근에는 식문화의 변화와 소가족화小家族化 등에 의해 대부분의 제관들이 봉개를 갖고 가지 않는다. 이런 이유로 현장에서 제물을 나눠먹을 수 있는 방법을 모색하다가 숙육이 등장한 것이다. 유일재종가의 도적은 명태포(혹은 북어포)·문어·방어·고등어·조기·소고기·닭 등으로 구성된다. 흥미롭게도 경상도 지역의 대표적 제물인 상어돔배기는 사용하지 않는다. 물론 예전에는 주요 제물로 인식해왔으나, 수년 전 상어고기에 중금속이 함유되어 있다는 신문기사를 접하고 나서 고등어로 대체했다고 한다. 한편 유일재종가를 비롯해 안동지역의 대부분 종가에서는 고등어를 제물로 올리지 않는다. 일상에서 흔히 먹는 하품생선인 까닭에 조상에게 드릴 음식이 아니라고 여겼던 것이다. 하지만 생육이 숙육으로 바뀌면서 생선제물이 음복상에 차려지자 일상의 밥상에서 훌륭한 반찬 역할을 해오던 고등어가 자연스럽게 자리잡게 되었다. 또 '안동 간고등어'를 상품화하는 과정에서 제사문화와의 관련성을 전면으로 내세우면서 의도치 않은 전통의 왜곡이 시작되었고, 이를 계기로 당당한 제물로 인식되기 시작했다. 도적을 장만할 때는 가장 하단에 명태포를 놓고 그 위에 방어·고등어·조기·쇠고기·닭을 순서대로 괴어 올린다. 예전에는 문어도 도적에 올렸지만, 최근에는 별도의 제기에 차린다. 이러한 도적 고임의 순서는 우모린羽毛鱗이라고 해서 '하늘—땅—바다'로 구성된 우주의 질서를 상징한다. 유일재 종가에서는 어류의 순서를 정할 때 서쪽을 우위로 삼는 이서위상以西爲上의 관념에 따라 서쪽에서 생산되는 조기를 가장 윗부분에 얹는다는 원칙을 준수하기도 한다.

떡[餠]은 크게 두 개의 층으로 구성된다. 본편本餠이라고 해서 편대餠臺 위에 시루떡을 괴고, 그 위로 '웃기'[雜果餠]를 얹는다. 이날 유일재종가에서는 시루떡을 9켜 괴어 올렸고, 웃기로는 검은깨 찰편·녹색고물 찰편·인절미·전·조약 등을 사용했다. 이때 떡에 곁들이는 조청을 종지에 담아 차렸는데, 이를 편청이라고 한다.

탕湯은 제사의 격格과 관련된 제물이다. 불천위 제례에는 5탕과 3탕이 일반적이고, 일반 기제사에서는 단탕單湯을 사용하는

갱(국)

편이다. 5탕과 3탕은 관직의 고하高下 및 가문의 성향 등에 따라 정해지는데, 대체로 제사의 격에 합당한 탕을 올리는 것을 바람직하게 여긴다. 유일재 김언기는 큰 벼슬에 나가지 않고 학자의 삶을 살았던 관계로 3탕을 진설한다. 탕은 어류와 육류, 무와 다시마를 함께 끓여 건더기만 담는다. 이때 무와 다시마를 건져 탕기마다 담은 뒤 그 위에 쇠고기, 방어와 고등어, 계란을 각각 얹어 육탕 · 어탕 · 계탕을 구성한다.

　　유일재종가의 제주祭酒는 막걸리다. 예전에는 집에서 직접 빚었으나 지금은 시판용을 구입한다. 그런데 불천위 제례에는 청주를 올리는 것이 일반적 경향이지만, 유일재종가에서는 예전부터 막걸리를 사용해 왔다. 청주는 막걸리에 비해 술을 빚을 때 품이 많이 들고 양도 적다. 그래서 조상이 내린 복주福酒를 보다 많은 사람들과 나누기 위해 막걸리를 선호하게 되었다고 한다.

유일재종가의 갱羹은 매우 독특하다. 전국적으로 쇠고기갱이 일반적이지만, 안동을 중심으로 한 경북북부지역에서는 콩나물갱을 사용한다. 반면 유일재종가에서는 콩가루를 묻힌 쑥국을 차리는 점이 독특하다. 김언기의 기일이 봄철인 관계로 주변에서 쉽게 구할 수 있는 쑥국을 올리게 되었다는 설명이다.

2) 설소과, 제물을 차리다

제사 당일에는 집 안팎을 청소한 뒤 제구祭具를 점검하고 제물을 장만하는 일로 분주하다. 유일재종가에서는 별도의 제청祭廳이 없는 관계로 안채 대청 정침에서 제사를 봉행한다. 이를 위해 병풍·교의·제상·향상香床·향로·향합·축판·퇴주기·모사기 등을 미리 배설해둔다. 이처럼 제사에 필요한 제구를 갖춰놓는 과정을 진기陳器라고 한다.

그런 다음 본격적인 진설陳設 절차를 수행하는데, 잔·수저·포脯·실과·채소 등 식어도 크게 상관없는 음식을 진설한다. 이때 주로 채소[蔬]와 과실[果]을 차린다고 해서 이를 '설소과設蔬果'라고 한다. 그리고 강신례 절차가 끝나면 도적·떡·탕·갱·메 등을 차리는 '진찬進饌'을 하는 것이다. 이처럼 제물을 두 번에 걸쳐 올린다고 해서 설소과를 1차 진설, 진찬을 2차 진설이

설소과를 마친 제사상

라고도 한다. 그런데 최근에는 제관의 고령화 등으로 인해 설소
과 절차에서 모든 제물을 진설해두는 경향으로 바뀌었다. 하지
만 유일재종가에서는 설소과와 진찬을 통합하지 않고 각각 별도

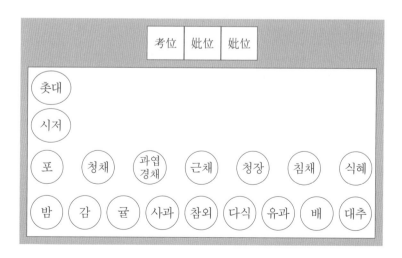

로 수행하고 있다.

제물은 4열로 진설하는 것이 『주자가례』의 규범이다. 신주
바로 앞줄부터 1열─2열─3열─4열을 구성한다. 설소과의 절차
에서는 4열에 과실을 차리고 3열에는 채소 등을 놓는다. 과실의
진설에서는 조율이시棗栗梨柿(혹은 조율시이)라는 일반적 방식이 아
니라 조동율서棗東栗西 곧 대추를 동쪽 가장 끝자리에, 밤을 서쪽
끝자리에 차리는 가문의 원칙을 따르고 있다. 그런 다음 이동시
서梨東柿西에 의해 배를 동쪽, 감을 서쪽에 진설한 뒤 나머지 과실
을 중앙에 차례로 놓는다. 3열에는 포 · 삼채(청채 · 과엽경채 · 근
채) · 침채 · 식혜를 진설한다. 이때 포와 식혜를 좌우(동서) 끝자
리로 각각 차리고, 그 사이에 청채 · 과엽경채 · 근채 · 침채를 순
서대로 올린다.

제사에 임하기 전에 모든 제관들이 안채 대청 정침에 모여
집사분정執事分定을 행했다. 미리 준비해 둔 한지韓紙에 연도와 일
자를 기재하고 제관의 역할을 명시해 둔 다음 그 아래 칸에 담당

									정유년(2017) 집사자 분정					
司尊	奠爵	奉爵	奉爐	奉香		贊引	謁者	贊者	祝	陳設	終獻官	亞獻官	初獻官	丁酉年三月十五日不遷位大祭時執事
金世中	金容宰	金容正	金炯中	金國鉉	金容彦	金能洙	金正基	金允中	金允中(大郎)	金觀洙	李在植	金容國	金容培	金孝基

152

분정례分定禮

분정판分定版

際	司尊	奠爵	奉爐	奉香	贊引	贊者	謁者	祝	陳設	終獻官	亞獻官	初獻官	不遷位大祭 時執事	丁酉三月十五日
	金世中	金容宇	金容正	金炳中	金國鉉	金容彦	金能基	金正中	金先基	金觀中	金容周	李在圭	金容基	金孝基

자의 이름을 적어 넣는데, 유일재종가에는 집사자의 역할이 새겨져 있는 분정판이 마련되어 있는 관계로 한지에 제관 이름만 작성해서 분정판에 붙였다. 제사에서의 역할은 초헌관初獻官·아헌관亞獻官·종헌관終獻官·진설陳設·축祝·찬자贊者·알자謁者·찬인贊引·봉향奉香·봉로奉爐·봉작奉爵·전작奠爵·사준司尊 등 총 13개이다. 집사분정이 끝나면 분정판을 제청의 동쪽 벽에 걸어둔다.

불천위 제례의 초헌관은 종손이 맡는다. 하지만 유일재종가의 경우 14대 종손 김용진이 부재상황인 까닭에 15대 종손 김효기가 초헌관 역할을 수행했다. 아헌관은 14대 종부 의성김씨 김후웅이 맡아왔으나, 2014년 종부가 작고한 관계로 이날 제사에는 풍천 구담 큰집 지손이 맡았다. 종헌관은 예전에는 유일재 문인 후손이 주로 담당해왔으나 최근에는 거의 참사하지 않는 탓에 문객門客(인척姻戚)이 수행하는 편이다. 문객이 참석하지 않을 때에는 후손 가운데 항고연장行高年長의 순서로 담당하거나 먼 거리에서 온 사람에게 맡긴다.

3) 출주, 조상을 모셔오다

분정이 끝나면 찬자贊者의 홀기에 따라 제사를 거행한다. 첫 순서는 초헌관과 집사자들이 사당으로 가서 신주를 모셔오는 출

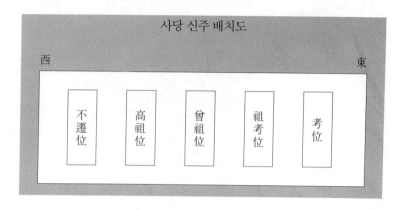

사당 신주 배치도

西　　　　　　　　　　　　　　　　　　　　　　　東

| 不遷位 | 高祖位 | 曾祖位 | 祖考位 | 考位 |

주出主의 절차이다. 유일재종가의 사당은 종택 서쪽 언덕에 자리
잡고 있다. 초헌관과 집사자들이 종택 대문을 나서서 사당 동쪽
문을 통해 안으로 들어간다.

　사당에는 신주를 모신 감실이 있고, 감실 앞에는 제사상이
설치되어 있다. 유일재종가의 사당에는 불천위 김언기와 함께
종손의 4대조상의 신주가 모셔져 있다. 이때 불천위 신주는 이서
위상以西爲上의 관념에 따라 가장 서쪽에 자리한다. 사당 안으로
들어간 제관들은 불천위 신주를 향해 두 번 절을 하고 초헌관이
감실문을 열고 신주 앞에 무릎을 꿇고 앉아 분향을 한다. 그런 다
음 축관이 초헌관의 좌측에 동향으로 앉아 출주를 위한 축문을
낭독한다.

출주례出主禮

출주 모습

今以
顯先祖考成均生員府君遠諱之辰敢請
顯先祖考成均生員府君
顯先祖妣宜人英陽南氏
顯先祖妣宜人永川李氏神主出就正寢
恭伸追慕

지금 현선조고성균생원부군의 기일에 감히 청하오건데
현선조고성균생원부군과
현선조비의인영양남씨와 현선조비의인영천이씨의
신주를 정침으로 모셔
삼가 추모하는 마음을 펴고자 합니다.

　　축문에는 오늘 기일을 맞아 제사를 거행하기 위해 안채 대청 정침正寢으로 모신다는 내용이 담겨있다. 출주고사가 끝나면 신주함을 모시고 사당 중문을 통해 정침으로 들어간다. 사당의 중문은 '신神'이 드나드는 곳으로, 평소에는 사용하지 않는 성스러운 문이다. 즉, 동문으로 들어가서 서문을 통해 나오는 것이 일반적 관행인 것이다. 하지만 조상의 신주를 모시고 나오는 관계로 중문을 사용하는데, 이와 마찬가지로 사당에서 제사를 지내기 위해 제물을 운반할 때도 중문을 사용한다.

강신례降神禮

4) 참신과 강신, 영혼을 불러오다

사당에서 모셔온 신주를 제사상에 안치하면 모든 제관들이
두 번 절을 한다. 이를 참신參神이라 한다. 이른바 조상에게 인사
를 드리는 절차이다. 이어 조상의 영혼을 모시는 강신降神을 행한
다. 초헌관은 향상香床 앞으로 가서 무릎을 꿇고 분향을 한다. 그
런 다음 술을 잔에 받아 모사기에 나누어 비우고 빈 잔을 신주 앞
에 올리는 뇌주酹酒를 행한다. 분향과 뇌주가 끝나면 초헌관은 두
번 절하고 원래의 자리로 돌아간다. 강신은 향을 피우고 술을 땅

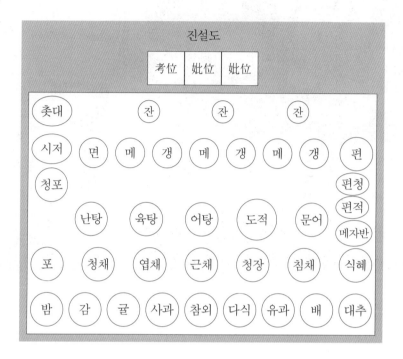

에 부음으로써 하늘에 계시는 조상의 혼魂과 지하에 머무는 백魄을 제청으로 불러오는 행위이다. 강신례가 끝나면 메·갱·도적·편·탕 등의 제물을 올리는 2차 진설이 이루어지는데 이를 진찬進饌이라 한다.

다음 사진은 2차 진설 진찬을 마친 제사상이다. 2차 진설에서는 2열의 제물부터 진설을 하는데, 역시 이서위상以西爲上의 원칙을 준수한다. 예를 들어 탕을 올릴 때 계란이 담긴 난탕卵湯을 가장 서쪽에 두고, 이어 육탕과 어탕을 차례로 진설한다. 이는

진찬을 마친 제사상

'우모린羽毛鱗', 곧 바다—육지—하늘로 이루어진 우주의 구성체
계를 상징하는 것으로, 하늘을 대표하는 닭을 가장 우위로 인식
하는 방향인 서쪽에 둔다는 의미이다. 그리고 제사상의 중앙에
도적과 문어를 진설하고 동쪽에 편을 올린 뒤 차례로 메좌반(조
기)과 편적(배추전)과 편청을 차린다. 본래 문어는 도적 고임에 사
용되었지만 별도의 제기에 차려 도적 옆에 진설했다. 2열의 탕줄
서쪽에는 메밀묵을 올린다. 원래 녹두로 만든 청포묵을 사용했
으나 점차 구하기 힘들어지면서 메밀묵으로 대체되었다. 또 편
적과 편청이라는 명칭이 보여주듯 이 두 제물은 1열 가장 동쪽에

진설되는 제물인 편과 짝을 이룬다. 마지막으로 1열의 서쪽에는 면을 올리고 동쪽에 편을 두고 메와 갱을 각각 한 위마다 올린 후 술잔 등을 차린다.

5) 헌작, 술을 올리다

진찬의 절차를 수행하면 헌작이 행해진다. 초헌·아헌·종헌의 순서대로 각각 술을 올린다. 먼저 초헌관이 향안 앞으로 나와 무릎을 꿇고 앉으면 오른편의 집사자가 잔을 건네준다. 초헌관의 잔에 집사자가 술을 따른 후 그 잔을 다시 받들어 신주 앞에 올린다. 이어 집사자는 메와 탕 등 그릇의 뚜껑을 열어두는데, 이를 계반개啓飯蓋라고 한다. 그런 다음 축관이 초헌관의 왼쪽에 앉아 축문을 낭독하기 시작하면 초헌관 이하 모든 제관들은 고개를 숙이고 엎드린 자세를 취한다.

維歲次丁酉三月甲寅朔十五日戊辰 十四世孫 容震
出外未還 使子孝基
敢昭告于

顯先祖考成均生員府君
顯先祖妣宜人英陽南氏

顯先祖妣宜人永川李氏歲序遷易
顯先祖考成均生員府君 諱日復臨
追遠感時 不勝永慕 謹以淸酌庶羞
恭伸奠獻 尙饗

유세차 정유년 삼월 갑인 삭 십오일 무진에 14세손 용진이
나가서 돌아오지 않아 효기가 대신 삼가 고합니다.

현선조고성균생원부군과
현선조비의인영양남씨와 현선조비의인영천이씨께
계절이 바뀌어
현선조고성균생원부군의 기일이 다시 돌아왔음을 아룁니다.
시간이 지날수록 길이 사모하는 마음을 이길 수가 없습니다.
삼가 맑은 술과 여러 음식으로
공경히 제사를 올리니 부디 흠향하시길 바랍니다.

축문에는 제사를 올리는 때의 연도와 일자, 제주의 성명을
기재한다. 그런데 유일재종가에서는 14대 종손이 부재상황인지
라 15대 종손 김효기가 제사를 대신 주관하겠다는 내용을 추가했
다. 이어 조상이 돌아가신 날을 맞아 사모하는 마음을 이기지 못
해 맑은술과 여러 음식으로 제사를 올린다는 내용을 적는다. 축

초헌례初獻禮

독축례讀祝禮

관의 축문 낭독이 끝나면 초헌관 이하 제관들이 일어나고 초헌관은 절을 두 번 하고 자리로 물러난다.

초헌례를 마치면 두 번째 잔을 드리는 아헌례를 수행한다. 유일재종가에서는 종부가 아헌을 해왔으나 2014년에 14대 종부가 작고한 탓에 이날 제사에는 풍천 구담 큰집 지손이 담당했다. 아헌관이 향안 앞으로 와서 무릎을 꿇고 앉으면 집사자가 초헌관이 올린 잔을 내려 퇴주기에 비우고 아헌관에게 건네준다. 집사자가 아헌관의 잔에 술을 따르고 이를 다시 건네받아 고위와 비위의 순서대로 잔을 올린다. 이어 아헌관은 절을 두 번 하고 자리로 물러난다. 만약 종부가 아헌을 수행할 경우에는 절을 4번 한다. 아헌례가 끝나면 종헌례를 거행한다.

종헌관은 예전에는 유일재 문인 후손이 주로 담당해왔으나 최근에는 문객門客(인척姻戚)이나 먼 거리에서 온 후손이 수행하는 편이다. 절차는 아헌례와 같이 진행하되, 다만 종헌관은 제작除酌이라 하여 잔에 담긴 술을 퇴주기에 세 차례 나누어 붓는 점이 다르다. 이는 유식侑食의 절차에서 첨작添酌을 하려고 술잔에 일정 공간을 남겨 두기 위함이다. 집사자가 술잔을 건네받아 신주 앞에 잔을 올리면 종헌관은 절을 두 번 하고 자리로 돌아간다.

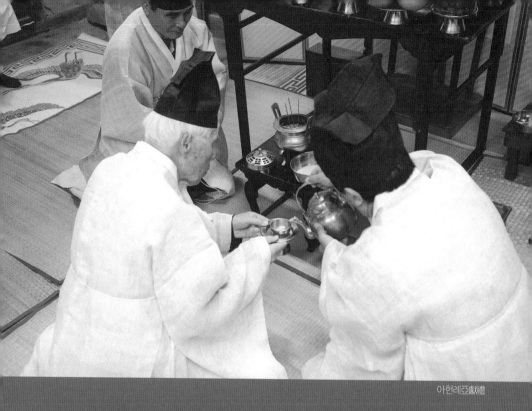

종헌관의 제작除酌 모습

첨작添酌

6) 유식례, 음식을 더 권하다

헌작의 절차가 끝나면 조상에게 음식을 더 드실 것을 권하
는 유식례侑食禮를 행한다. 초헌관이 향안 앞으로 와서 무릎을 꿇
고 앉으면 집사자가 밥뚜껑을 건네주며 술을 따르고, 이를 다시
받아 종헌관이 올렸던 술잔에 채워 붓는다. 이를 첨작添酌이라
한다.

그런 다음 숟가락을 밥에 꽂고 젓가락을 가지런히 정돈하는
삽시정저插匙正箸를 행한다. 그런데 유일재종가의 홀기에는 '삽

삽시정저揷匙正箸

시揷匙' 대신에 '급시扱匙'로 기재해두었다. 사실 『주자가례』에
도 '삽揷'이 아니라 '급扱'으로 명시되어 있다. 이를 유일재종가
에서는 '삽'은 그야말로 깊게 찔러 넣는 것을 말하고, '급'은 살
짝 걸치듯이 찌르는 것이라고 한다. 따라서 조상이 드시는 형상
을 연출하기 위해서는 '삽' 보다는 '급'이 더 적합하다는 입장이
다. 이어 조상이 음식을 편히 드실 수 있도록 방문을 닫고 밖으로
나가거나 병풍을 둘러치는데, 바로 합문闔門의 절차이다. 대청에
서 제사를 거행하는 유일재종가에서는 제사상 앞에 병풍을 치고
제관들은 그 앞에 머리를 숙이고 바닥에 엎드리는 부복俯伏의 자
세로 기다리는데, 대략 일식구경一食九頃 곧 숟가락을 아홉 번 뜨
는 동안이다. 시간이 어느 정도 지나 축관이 헛기침을 세 번 하면
제관들이 자리에서 일어나 병풍을 걷어내는데, 이를 계문啓門이
라 한다.

7) 사신례, 조상을 떠나보내다

집사자들이 병풍을 거두고 제사상 앞으로 가서 갱기羹器(국
그릇)의 국을 비우고 맑은 물을 채워 넣는다. 헌다獻茶의 절차이
다. 헌다를 마치면 밥그릇에 꽂아두었던 숟가락으로 밥을 세 차
례 떠서 맑은 물에 만다. 이를 점다點茶라 한다. 항간에서는 식사
를 마친 조상에게 숭늉을 대접하는 것이라 하는데, 사실은 밥을

헌다獻茶

점다點茶

분축례焚祝禮

더 드시기를 권하는 절차이다. 이와 관련한 내용이 『예기』에 실려 있다.

공자께서 말하였다. 내가 소시少施의 집에서 음식을 대접받아 배불리 먹었다. 소시씨는 내게 음식을 예禮에 맞게 대접해 주었다. 내가 그 음식으로 고수레를 하니 주인이 일어나 사양하면서 말하기를 "변변치 않은 음식이어서 제사하기에는 부족합니다."라고 하였고, 내가 밥을 물에 말아서 먹을 때는 일어나 사양하면서 말하기를 "거친 음식이어서 감히 그대의 배를 다

치게 해서는 안 됩니다."라고 하였다.

위의 내용에서 '내가 밥을 물에 말아서 먹을 때(吾飧)'의 '손飧'이라는 용어가 주목된다. 이에 대해 『예기』의 소疏에 "손飧은 물에 밥을 말아서 마심이니, 예禮에서 밥 먹기를 마치면 다시 세 번 밥을 물에 말아서 마심으로써 배부름을 돕는다."라고 설명되어 있다. 이처럼 물(냉수)에 밥을 세 번 떠서 마는 행위는 밥을 더 드시기를 권하는 유식侑食의 일종이라 할 수 있다. 점다의 절차를 행하고 나서는 상체를 구부리는 국궁鞠躬의 자세로 잠시 기다린다. 이때 역시 축관이 헛기침을 세 번 하면 몸을 바르게 펴고 집사자가 수저를 거두고 메와 탕 등의 뚜껑을 덮는다. 초헌관 이하 모든 제관들이 신주를 향해 절을 두 번 하는데, 조상을 떠나보내는 사신辭神의 절차이다. 이어 축관이 축을 불사르는 분축焚祝을 행하고 신주를 사당으로 모시는 납주納主가 이루어진다.

8) 음복, 조상이 내린 복을 받다

신주를 사당으로 모시고 나면 철상撤床을 한다. 여기서도 유일재종가의 홀기에는 '철撤'이 아니라 '철掇'로 되어있다. 이에 대해 유일재종가에서는 '철撤'은 제물을 거두거나 치운다는 뜻인 반면 '철掇'은 줍는다는 의미이기에, 조상에게 바친 성스러운

음복 준비

음복 광경

제물을 물릴 때는 '철撤'이 더 적합하다는 해석을 한다. 철상의 절차에서는 도적과 떡, 나물 등을 먼저 옮기는데, 제관들의 음복상에 차려내기 위함이다. 부엌에서는 비빔밥·갱·탕을 그릇에 담고 도적과 떡을 해체하여 접시에 차리는 작업을 수행한다. 수십 명의 음복을 마련하다보니 모든 것이 신속하게 이루어져야 한다. 따라서 제사를 거행하는 동안 부엌에서 기다리고 있던 여성들은 철상이 시작되면서 분주해지기 시작한다. 대개 노련한 집안여성들이 도마 앞에서 제물을 분배하면 젊은 여성들이 그릇에 담는 역할을 담당한다. 음복 음식을 장만할 때는 제사에 올린 모든 제물을 나눠먹는다는 원칙 아래 빠짐없이 차려내도록 한다. 한편 제관들은 음복을 마칠 때까지 제복을 벗지 않는다. 음복은 조상이 내려주신 음식을 먹는 절차이므로 의관정제衣冠整齊를 하여 예를 갖추는 것이 마땅하다고 여기기 때문이다. 이날 유일재 종가에서는 제사를 거행한 안채 대청에서 음복을 행했다. 예전에는 헌관과 축관, 찬자에게는 외상이 주어졌으나 지금은 같은 상에서 일반 제관들과 함께 음복하는 방식으로 바뀌었다. 이것역시 일손이 부족한 탓에 초래된 제례문화의 변화양상이다.

　　제사에서 사용된 제주祭酒는 음복상에 차려지면 복주福酒 혹은 음복주飮福酒로 불린다. 조상이 내린 복된 술이라는 뜻이다. 사실 음복 절차의 핵심은 복주를 나눠먹는 일이다. 그래서 유일재종가에서는 복주를 음복하고 나면 제복을 벗어도 무방하다고 한다. 초헌관·아헌관·종헌관·축관·찬자의 순서로 음복을 미리 한 뒤 일반 제관들은 항고연장行高年長의 순으로 행한다. 그런 다음 음식상이 차려지는데, 유일재종가에서는 숙육熟肉을 사용하는 까닭에 메와 갱을 비롯해 제사상에 올린 거의 모든 제물을 제관들에게 제공한다. 그리고 집으로 돌아갈 때는 떡과 어육, 과실 등을 담은 봉개를 나누어 준다.

2. 유일재종가의 설 차사

유일재종가에서는 불천위 제례를 비롯해 종손의 4대조 기제사와 설 차사茶祀를 지내고, 추석에는 묘사墓祀를 거행한다. 사당의 신주를 정침으로 모셔오는 불천위 제례와 달리 설 차사는 사당에서 지낸다. 또 제례에 비해 제물도 간소하며 무축단헌無祝單獻의 절차로 진행된다. 사실 『주자가례』에는 설 차사를 '제례'가 아니라 '참배參拜'로 구분해 두었다[正至朔望則參]. 즉, 신년을 맞아 조상에게 새해 인사를 드린다는 의미이다. 제물 역시 술과 차茶, 과일을 담은 소반을 진설하도록 되어 있다.

2017년 설 차사는 양력 2월 28일 13시 무렵에 거행되었다. 종가의 사당에는 파시조派始祖 유일재 김언기의 신주가 모셔져

사랑방에 모인 후손들

있기에 모든 문중 성원들이 참석한다. 이를 위해 자신들의 당내
堂內(큰집)와 각자의 집에서 차례를 먼저 올린 후 종가로 향한다.
당일 오전 10시~11시 무렵이 되자 전국각지에서 제관들이 모여
들기 시작했다. 종가에 도착한 후손들은 사당 참배를 한 후 사랑
방으로 가서 새해인사를 나누었다.

　사당에는 가장 왼쪽[西]에 김언기의 신주를 모신 불천위 감실
이 있고, 그 오른쪽으로 종손의 4대조인 고조-증조-조-부의
신주를 모신 감실이 자리하고 있다. 감실 앞에는 제사상이 마련
되어 있다. 2017년의 설 차사에서는 대추·밤·배·감·사과·
한라봉 등의 과일, 북어·고등어·돼지고기·쇠고기로 구성된

메밀만두를 고명으로 얹은 떡국

도적, 문어 편적, 떡국, 소고기(육탕)와 북어(어탕), 두부와 무(소탕) 등의 3탕 재료를 함께 담은 탕, 그리고 간장이 진설되었다. 설 차사의 가장 중요한 제물은 떡국이다. 유일재종가의 떡국은 메밀만두를 고명으로 올리는 점이 독특하다. 설 전날 밤에 메밀가루를 반죽해서 만두피를 빚고 무를 갈아서 쇠고기와 두부, 생강으로 버무려 속을 미리 만들어둔다. 그리고는 당일 아침에 떡국과 만두를 함께 넣어 끓인다. 떡국 고명으로 메밀만두를 올리는 것은 쌀이 귀했던 시절 턱없이 부족한 떡국의 양을 만두로 보충하고자 했기 때문이다. 그래서 예전에는 손바닥 정도의 크기로 푸짐하게 만들었으나, 생활수준이 높아지면서 점점 작아졌다고 한다.

　오전 10시 30분 무렵이 되자 젊은 남성들이 제물을 사당으로 운반하기 시작하는데, 이때 사당 중문을 이용한다. 사당의 중문은 오직 신神만 드나드는 곳으로, 불천위 제례 때 신주神主를 모시고 출입하는 이른바 '신문神門'인 셈이다. 이와 마찬가지로 조상에게 바치는 제물 역시 신성한 것이기 때문에 중문을 이용하는 것이다. 반면 제관들은 동문을 통해 들어가서 서문을 통해 나오도록 되어 있다. 진설은 과일부터 시작하여 도적·문어·탕·떡국의 순서로 차린다. 또 과일을 진설할 때는 대추는 동쪽 끝자리에, 밤은 서쪽 끝자리에 둔다. 이를 조동율서棗東栗西의 진설법이라 한다. 배와 감 역시 이동시서梨東柿西의 원칙에 따라 배를 동쪽에 두고 감을 서쪽에 올린다. 이처럼 대추·밤·배·감을 기본으로 마련하고, 사과나 한라봉 등의 계절과일을 준비한다. 이어 도적과 문어를 올리고, 탕을 한 그릇에 담아 진설한다. 설 차사에는 메와 갱을 차리지 않고 떡국을 올리는데, 이는 시절음식을 바친다는 의미이다. 제주는 불천위 제례와 마찬가지로 막걸리를 사용한다. 또 불천위와 4대조의 경우 제물의 종류는 동일하지만, 수량에서 차등을 두기도 한다. 예를 들어 불천위에 비해 4대조에게는 과일을 한 그릇에 담고, 도적의 높이를 낮추거나 하는 등이다.

　제물 진설을 마치면 모든 제관들이 사당 경내에 일렬로 서고 종손과 집사자가 사당 안으로 들어간다. 그리고는 불천위 조상

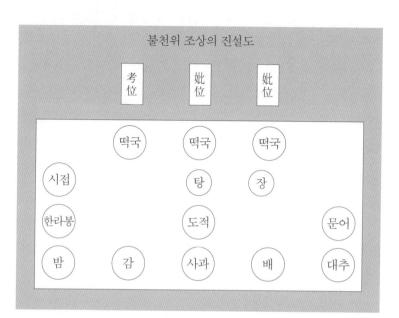

불천위 조상의 진설도

	考位	妣位	妣位

	떡국	떡국	떡국
시접		탕	장
한라봉		도적	문어
밤	감	사과	배	대추

불천위 조상의 진설

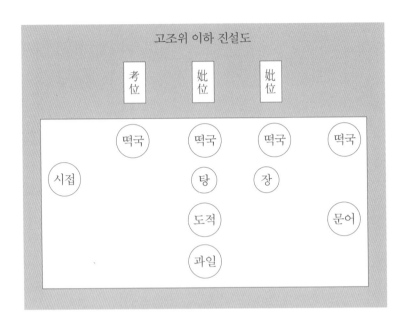

고조위 이하 진설

의 감실문을 열고 신주독을 벗긴다. 이어 4대조상들의 신주독을 모두 벗기면 종손이 불천위 감실 앞에 무릎을 꿇고 앉아 분향을 한다. 다만 제례와 달리 뇌주酹酒는 행하지 않는다. 설 차사는 제례가 아니라 새해가 되었음을 고하는 의식이기 때문이다. 즉 조상신의 응감應感을 필요로 하는 제례에서는 영혼[氣]을 모셔오는 절차를 별도로 수행하지만, 설 차사에서는 '응감'이 아니라 '고告'에 의미를 두고 있는 것이다.

분향이 끝나면 불천위 조상을 기점으로 고조부모―증조부모―조부모―부모의 순서대로 잔을 올린다. 오른편의 집사자가 종손에게 잔을 건네주면 종손이 술을 받은 후 왼쪽편의 집사자에게 준다. 잔을 건네받은 집사자는 신주 앞으로 가서 각각 잔을 올린다. 헌작을 마치면 종손과 집사자들은 사당 밖으로 물러나고, 모든 제관들이 절을 두 번 한다. 그런 다음 집사자들이 사당 안으로 다시 들어가서 떡국 그릇의 뚜껑을 열어 숟가락을 걸쳐두고 젓가락을 가지런히 한다. 이른바 삽시정저插匙正筯이다. 이어 사당 밖으로 나와서 문을 닫고 바닥에 엎드리는 부복俯伏의 자세로 기다리는데, 합문闔門의 절차인 셈이다. 또 제례와 마찬가지로 일식구반―食九飯의 시간이 지나면 집사자가 헛기침을 세 번 한다. 원래 이 역할은 축관이 수행하도록 되어있지만 독축의 절차가 없는 차사에서는 집사자가 담당하는 것이다. 집사자의 헛기침을 신호로 제관들은 자리에서 일어나고, 집사자들은 사당 안으로 들

종손의 헌작

삽시정저

합문

어가서 수저를 거두고 떡국 그릇의 뚜껑을 덮고 사당 밖으로 나
온다. 모든 제관들이 절을 두 번 함으로써 예禮를 마친다.

　　마지막은 철상撤床의 절차이다. 집사자들이 사당 안으로 들
어가서 잔을 퇴주 그릇에 비우고 신주독을 덮고 감실문을 닫는
다. 제물을 거둘 때는 제례와 마찬가지로 뒤쪽 편부터 차례로 내
린다. 설 차사의 음복에는 당연히 떡국이 중심이 되며, 그 외 도
적과 과실 등이 곁들여진다. 그런데 불천위 제례에 비해 명절인
설 차사에는 약 2배 이상의 제관이 모이는데, 이들 대부분 객지
에 살고 있는 젊은 후손들이다. 즉, 평소 불천위 제례에 참사하던

음복 준비(젊은 여성들의 모습이 이채롭다)

음복 광경

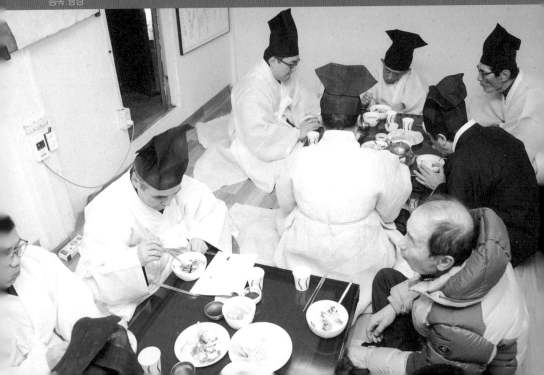

제관들이 아들과 손자를 데리고 오는 것이다. 그래서 불천위 제
례의 음복은 안채 대청만으로도 충분했지만, 설 차사에서는 음복
공간을 분리해야만 했다. 문중의 어른들은 사랑방에서, 여성들
과 젊은 남성들은 안채 대청에서 음복을 실시했다.

제5장 종가의 어제와 오늘

1. 근대 격동기의 종가

　　유일재종가는 김언기의 9세손인 김도상金道常(1778~1840)이
1840년 무렵에 순흥안씨 소유였던 지금의 종택을 구입하여 가구
리로 옮겨온 이래 약 백여 년 동안 무탈하게 지내다가 14대 종손
김용진金容震(1926~)에 이르러 한바탕 회오리바람이 불어 닥친다.
김용진은 1944년 임하면 괴와고택傀窩古宅의 의성김씨와 혼례를
치르고 이듬해 해방을 맞이하면서 장차 15대 종손이 될 귀한 아
들을 얻었다. 하지만 아들은 두 돌이 갓 지나기 전 홍역을 심하게
앓다가 사망했고, 김용진은 사상활동가로 지목되어 형무소에 수
감되어 풀려나는 과정을 거듭하다가 한국전쟁 때 월북하여 지금
까지 돌아오지 않고 있다.

14대 종부(2012년 촬영. 필자에게 직접 지은 내방가사를 보여주고 있다)

종손이 월북하자 홀로 남겨진 14대 종부 김후웅金後雄
(1925~2014)은 시어른을 모시면서 종택을 지켜왔다. 종부의 친정
은 안동 임하면 임하리 벽계다. 아버지는 의성김씨 청계淸溪 김진
金璡(1500~1580)의 후손으로, 문장과 글씨가 인근에서 제일가는 선
비였다. 어머니 전주류씨는 수정재壽靜齋 류정문柳鼎文(1782~1839)
의 후손이다. 친정 역시 12대를 내려온 주손가로, 사랑채에 괴와
구려傀窩舊廬라는 현판이 걸려 있다. 종부는 어머니로부터 여사서
를 통한 훈육을 받고 성장했다. 그러다가 1944년 열아홉 살 되던
해에 한 살 아래인 김용진과 혼인했다. 시집왔을 당시에는 시조

모와 시부모를 비롯해 16명이 넘는 대식구와 오고가는 손님들로 항상 북적거렸다. 그런데 신행新行을 오기 직전에 시조부가 돌아가신 탓에 초상을 치르는 일로 시집살이를 시작해야만 했다. 또 4대봉사에 불천위를 모시고 있는 터라 일 년에 지내야 할 제사가 16번이 넘었고, 추석과 설의 차사茶祀까지 챙기다 보니 그야말로 열아홉 살 새색시는 쉴 틈 없이 움직여야만 했다.

남편 김용진은 신부에게 화난 낯빛을 보여준 적이 없는 자상하고 다정한 사람이었다. 종부는 혼인을 하고 이듬해에 곧바로 아들을 낳아 문중으로부터 선물과 축하를 듬뿍 받았다. 문중에서는 새 종손이 태어났다며 기쁨을 감추질 못했다. 그러나 이도 잠시뿐 두 돌이 갓 지나기 전에 아들을 홍역으로 잃었다. 당시에는 홍역으로 아이를 잃는 사람도 흔했고 또 젊었기 때문에 아이를 다시 가질 수 있다고 생각했다. 하지만 종부의 불행은 거기서 끝나지 않았다. 엎친 데 덮친 격으로 김용진마저 사상활동가로 지목되어 와룡지서를 거쳐 안동형무소에 수감되었다. 그러다가 수개월이 지나 출옥했는가 싶더니 홀연히 사라져 이리저리 수소문해보니 이번에는 서울 서대문형무소에서 복역 중이었다. 그리고는 1949년의 면회를 마지막으로 생사를 알지 못한 채 수십 년이 흘렀다. 이후 월북했다는 소문을 접하게 되면서 가슴 졸이고 있던 중에 2003년 2월 금강산에서 이산가족 상봉이 이루어졌다. 팔순을 앞둔 백발노인들의 54년만의 재회였다. 금강산 상봉 현장에 나타난 14대 종손 김용진은 다행히도 건재한 모습이었지만, 와룡 유일재종가로는 다시금 돌아올 수 없었다.

사실 1949년 형무소로 면회 갈 때까지만 해도 한평생을 남편과 자식 없이 살 것이라는 자신의 앞날을 상상조차 하지 못했다. 그로부터 1년 후 1950년에 한국전쟁이 일어났다. 시누이와 시동생들은 피난을 보냈지만, 자신은 병환으로 몸져 누우신 시아버지를 모시고 종택을 지켰다. 그 와중에 인민군이 들이닥쳐 식량을 빼어갔고, 인민군이 물러나자 이번에는 국군이 들이닥쳐 인민군에 부역했다는 이유로 온갖 고초를 당했다. 시아버지인 13대 종손 김달수金達洙는 98살까지 장수하다가 1999년에 유명을 달리했다. 이후 2001년 4월 7일, 유일재종가에서 길제吉祭가 행해졌다. 길제는 차종손이 종손의 지위에 오르고 차종부 역시 종부가 되는 의례로, 김후웅은 유일재종가로 시집온 지 57년이 지나서야 마침내 정식 종부가 된 것이다. 이처럼 40여 년의 세월 동안 홀로 시어른을 봉양하고, 돌아가신 후에는 삼년상을 치른 종부에게 안동향교와 도산서원 등에서 효부상을 주겠다고 했지만 "자기 부모를 모신 것이 무슨 상 받을 일이냐"며 강력히 거부했다. 종부는 시아버지가 세상을 뜨고 나서 홀로 종택을 지키다가 2014년 노환으로 눈을 감았다. 향년 90세였다.

언제 죽을까

김후웅은

죽으면 태워서

성당산으로

무덤없이

사방으로 흩으시오

하하 가엽다

뿌헌 물도 귀찮게 마시오.

남편의 생사도 모르고 혈육 하나 두지 않았던 종부는 숨을
거두기 직전에 가사 한 편을 지었다. 자신의 유언이기도 했다.

2. 종손의 빈자리를 지켜온 봉사손

2014년 14대 종부인 김후웅이 숨을 거두고 나서 유일재 종택은 비어있는 상태이다. 대구에 거주하는 종손의 아우 김병문金丙文(1947~)이 주말마다 종택에 들러 사랑채를 지키며 종가의 명맥을 이어가고 있다. 김병문은 13대 종손 김달수와 안동권씨 사이에서 셋째 아들로 태어났다. 15대 종손 김효기金孝基(1982~)의 생부이기도 하다. 큰형인 14대 종손 김용진은 월북하고 둘째 형은 한국전쟁 당시 실종되는 바람에 집안의 장남 역할을 수행해왔다. 그는 어린 시절부터 문중어른들로부터 "니가 앞으로 잘 해야 된다."라는 말을 들으면서 성장했다. 어른들의 이런 말씀은 그에게 심한 중압감을 안겨주기도 했지만, 한편으로는 불천위 종가의 일원이라는 자부심과 책임감을 갖고 살아왔다. 종가의 후손으로서 살아가야 할 자세는 유일재 김언기를 비롯한 선조들의 삶은 물론 아버지와 어머니의 행동과 말씀을 곁에서 지켜보는 가운데 자연스럽게 체득되었다.

그에게 선친은 '유학의 사상 속에서 서책을 가까이 하고 예에 밝은 분'으로 기억되고 있다. 선친은 안동 입향조 담암 김용석의 '대과大科는 하지 마라'는 유훈을 받들어 평생 밖으로 나서지 않는 삶을 실천했으며 스스로 깨우쳐 자득하는 '실천궁행實踐躬行'하는 자세로 생을 마감했다. 어머니 안동권씨는 회곡晦谷 권춘란權春蘭(1539~1617)의 후손으로, 단정한 용모에 담대함을 갖춰 어려운 여건 속에서 격동기의 집안을 잘 지탱해나갔다. 그래서 농사일은 물론 집안의 대소사를 누구보다 잘 챙겼고 봉제사 접빈객의 힘든 살림도 거뜬히 잘 치렀다. 또 맞벌이를 하던 김병문 내외를 대신해 남매를 키워주신 다정한 할머니이기도 했다. 이처럼 김병문이 종손인 아버지와 종부인 어머니로부터 배운 가르침은 이론적 지침이나 교육서를 통한 것이 아니라 일상의 행동과 생활습관 등을 통해 자연스럽게 습득된 것이었다.

생업 등의 이유로 외지에 나가 있던 그가 실질적으로 종사宗事에 참여하기 시작한 것은 이십대 중반인 1975년도 무렵이었다. 그때부터 종택을 드나들며 월북한 14대 종손 김용진의 빈자리를 굳건히 지켜왔다. 그러던 중 1999년 13대 종손 김달수金達洙가 세상을 뜨면서 김병문의 어깨에는 또 다른 무거운 짐이 얹혀졌다. 부친이 작고함에 따라 종손의 맥이 완전히 끊어져 버린 것이다. 이를 해결하기 위해 유일재종가에서는 김병문의 아들인 김효기를 15대 종손으로 맞이하여 길제를 올렸다. 길제는 이른바 '종손 취임식'에 해당하는 의례다. 즉, 길제를 계기로 부친인 김달수의 신주를 사당의 감실로 모시고, 대신 5대조의 신주를 조매하는 것이다. 그러면서 차종손이 종손의 지위에 오르고, 차종부 역시 종부가 된다. 그러나 종손이 부재했던 유일재종가에서는 이들 과정을 순조롭게 수행할 수 없었다. 아울러 비록 종가로는 돌아올 수 없는 몸이지만, 종손 김용진이 건재해 있으므로 양자養子를 들이는 것 역시 종법원칙에 위배되었다. 그러나 문중에서는 현실적 상황을 감안하여 김병문의 아들 김효기를 15대 종손으로 맞이하는 길제 거행을 과감히 결정했다.

김병문은 슬하에 1남 1녀를 두었다. 15대 종손인 김효기는 서울대학교 공과대학에서 융합과학을 전공하고 박사학위를 받은 뒤 현재 바이오 벤처기업의 CEO로 활동하고 있다. 특히 석사과정에 있을 당시부터 저명학술지인 『Nature photonics』에 논문을 게재할 정도로 밤낮없이 연구와 사업에 매진하고 있는 탓에 종손 역할을 온전히 수행하기에는 어려움이 적지 않다. 그 빈자리를 김병문이 다시 지켜주고 있다. 이에 대해 그는 "이게 나한테 주어진 숙명이라고 생각합니다. 이제까지 형님의 빈자리를

김병문씨와 15대 종손 김효기씨

지켜왔듯이, 효기(차종손) 또한 밤낮으로 이어지는 연구생활에 전
념하고 있으니 당연히 내가 그 몫을 대신해 줘야지요."라며, 종
손 아닌 종손의 신분으로 살아온 자신의 숙명적 삶을 기꺼이 받
아들이고 있다.

　　김병문은 오늘날의 실정에 부합하는 종가 경영과 계승에 관
해 오랜 시간 고민해 왔다. 그가 구상하는 바람직한 종가 계승이
란 생업에 충실하면서 전통을 계승해 나가는 일이다. 이를 위해
전통적 양식에 담긴 근본취지는 이어가면서도 전통의 간소화 작
업 또한 필요하다고 역설한다. 그의 이런 생각은 제사의 간소화,

문중의 합리적 운영, 미래세대의 교육방법 등을 통해 나타나고 있다.

> 현대사회는 유교사상이 바탕이 되었던 농경사회가 아니므로
> 생업에 충실해야만 생존을 지탱할 수 있는 만큼 생업에 충실
> 하면서 전통양식을 계승하도록 방향을 정하고 근본취지를 이
> 어가면서도 간소히 개선하려고 합니다. 현실성 없는 제도는
> 현 실정에 맞도록 시대에 따라 미래지향적으로 과감히 개선해
> 나갈 생각입니다.

이는 유일재종가만이 아니라 여타 종가에서도 고민하는 것이기도 한데, 그중에서도 특히 제사를 둘러싼 문제는 뜨거운 감자가 된 지 오래다. 대표적으로 제사에 참여하는 제관들의 고령화 문제이다. 즉, 제관의 숫자가 줄어들고 고령화됨에 따라 제물 장만 등의 어려움에 봉착해 있는 것이다. 이에 유일재종가에서는 지난 2001년에 길제를 지내고 나서 문중의 공론을 모아 현 실정에 맞게 변경하는 방향으로 뜻을 모았다. 그래서 자정에 지내던 제사시간을 저녁 8시로 바꾸고, 고위의 기일에 비위 두 분을 함께 모셔서 일 년에 한 차례 거행하는 것으로 변경했다. 제물 역시 예전에는 도적이나 떡 등을 집에서 손수 장만했지만, 지금은 제물을 전문으로 취급하는 가게에 의뢰하는 방식으로 바꾸었다.

제물의 양도 대폭 줄였다. 살림이 넉넉하지 않던 시절에는 흰쌀밥과 떡을 얻어먹기 위해 제삿날이 되면 종택 대문 앞에 줄을 설 정도였지만, 이제는 사정이 달라졌다. 제관도 줄어들고 집집마다 음복을 돌리는 풍속도 사라졌다. 그러다보니 제사를 지내고 나면 넘쳐나는 제물을 처리해야 하는, 그야말로 사치스런 고민이 계속되었다. 그래서 제물의 종류는 유지하되, 양을 점차 줄여나갔다.

2001년 이전에는 기제사만 일 년에 16번 지냈으나 고위 기일 때 비위를 함께 모시고 나서 지금은 5번 지냅니다. 사당 차례는 설날 당일 사당에서 지냅니다. 묘사는 추석날 정침으로 인향引享해서 지냅니다. 예전에는 위토가 있는 산소는 정일이 정해져서 선고先考께서 늦가을 내내 시제를 지내러 다니셨습니다. 지금은 생업에 전념하면서 도저히 옛날 방식대로 할 수 없어서 그렇게 했습니다. 오후 3시 무렵에 유일재 선조 부자父子를 모셔오고... 오전에는 아랫대를 모십니다. 동네 인근에 있는 부모, 조부모 산소는 아침 일찍 산소에 직접 가서 행사합니다. 추석 2주 전에 여러 종반宗班이 모여 직접 벌초하는 산소는 그때 간략한 주과포를 마련해서 시제를 모십니다. 40위나 되는 산소를 옛날처럼 일일이 다니면서 봉행하기는 현실적으로 불가능합니다. 그래서 간소하게 변경했습니다. 현실적으로 집

안이 번성하지 못하고 후손들이 참여하지 않으면 묘사 행사도
어려움이 있습니다. 앞으로의 큰 숙제이기도 합니다.

문중의 유사직有司職이 아직 유지되고 있기에 이런저런 문제
를 협의하고는 있지만, 문중 재정은 턱없이 빈약한 실정이다. 그
래서 장기적으로 '유일재종가문화보존회'와 같은 재단설립을
구상하고 있다. 지금까지 유일재종가의 후손들은 "초시初試는 아
니할 수 없되, 대과는 보지 말고 벼슬길에 나아가지 말라"는 담
암 김용석의 유훈을 받들어 은둔생활을 하는 처사의 삶을 살아왔
다. 그러나 오늘날 김병문은 자녀들에게 '학업과 생업에 최선을
다할 것', '배려 봉사하며 전통문화와 종가를 존중할 것', '여러
분야에 관심을 가지고 전체를 통찰할 수 있는 논리와 덕목을 기
를 것', '항상 궁구하고 낮은 자세로 임하며 매사에 목표를 반드
시 세워 행할 것' 등의 가정교육을 시키고 있다. 전통을 중시하면
서도 오늘날의 상황에 부합하는 교육이 이루어지고 있는 셈이다.
　　어린 시절부터 유일재 김언기를 비롯해 선조들의 행적을 들
으면서 성장한 김병문에게 가장 보람된 순간은 언제일까? 그는
'선현들의 자취를 돌아보는 탐방객이 종가를 찾아왔을 때'와
'공부하는 학생들이 찾아와서 현장을 답사할 때', 그리고 '객지
에 흩어져 있는 후손들이 찾아올 때' 등을 꼽는다. 특히 유적탐
방객이나 학생들이 선조에 대해 자손인 본인보다 더 상세히 알고

있을 때는 부끄러움과 더불어 한없는 자긍심을 느끼기도 한다. 이런 까닭에 선조에 대한 공부를 게을리 하지 않고 있다. 현재 고전연수원 평생교육원 회원으로 가입하여 인터넷 강의를 비롯해 현장강의를 수강하고 있으며, 지난 2001년에는 자비를 들여 경북대학교 퇴계연구소에서 유일재 김언기와 갈봉 김득연의 사상과 학문을 조명하는 학술대회를 개최하기도 했다. 그는 14대 종손의 빈자리를 채우는 이른바 봉사손奉祀孫으로서의 역할을 묵묵히 수행해 왔고, 또 지금은 생업에 여념이 없는 15대 종손을 대신하여 그 빈자리를 다시 지키고 있다. 종손 이상의 치열한 삶을 살고 있는 그의 모습에서 유일재종가의 밝은 미래가 엿보인다.

【부록】유일재 김언기의 문인록門人錄

○ 백인국白仁國: 자 덕첨德瞻. 경인년(1530, 중종 25) 생. 영해寧海 거주. 교
　　　수敎授를 지냈음.
　　　임진년에 창의倡義함. 호 족한당足閒堂.

○ 권창서權昌緖: 자 진숙振叔. 병신년(1536, 중종 31) 생. 안동부 서쪽 금지
　　　金地 거주.

○ 안몽설安夢說: 자 응뢰應賚. 기해년(1539, 중종 34) 생. 안동부 동쪽 사곡
　　　寺谷 거주. 첨지僉知.

○ 권임權任: 자 사중士重. 기해년(1539, 중종 34) 생. 가야곡佳野谷 거주.
　　　신묘년 생원生員 참봉參奉. 호 송간정松澗亭.

○ 남치형南致亨: 자 양중養仲. 경자년(1540, 중종 35) 생. 부내府內 거주. 계
　　　유년 생원生員.

○ 김윤제金允濟: 자 여장汝檣. 경자년(1540, 중종 35) 생. 풍산豊山 거주.

○ 이선李僎: 자 군거君擧. 신축년(1541, 중종 36) 생. 가야佳野 거주.

○ 김사형金士亨: 자 사미士美. 신축년(1541, 중종 36) 생. 진보眞寶 거주.

○ 권심權諶: 자 사신士信. 임인년(1542, 중종 37) 생. 풍산豊山 거주. 호 매은梅隱.

○ 안만심安萬諶: 자 가신可信. 임인년(1542, 중종 37) 생. 임하臨河 마읍馬邑
　　　거주.

○ 박익朴瀷: 자 희고希古. 계묘년(1543, 중종 38) 생. 임하臨河 기사리棄仕里
　　　거주.

○ 남치리南致利: 자 의중義仲. 계묘년(1543, 중종 38) 생. 안동부 부내府內

　　거주. 호 비지賁趾. 노림서원魯林書院에 향사.

○ 류광춘柳光春: 자 계인季仁. 계묘년(1543, 중종 38) 생. 구담九潭 거주.

○ 백현룡白見龍: 자 문서文瑞. 계묘년(1543, 중종 38) 생. 영해寧海 거주. 호

　　성헌惺軒.

○ 김탄金坦: 자 여평汝平. 계묘년(1543, 중종 38) 생. 예안禮安 거주.

○ 이간李侃: 자 사행士行. 갑진년(1544, 중종 39) 생. 가야佳野 거주. 을축년 졸.

　　현풍玄風의 훈도訓導. 호 아휴정阿休亭.

○ 정희천鄭希天: 자 성지誠之. 갑진년(1544, 중종 39) 생. 모사동茅沙洞 거주.

○ 권춘계權春桂: 자 언수彦秀. 갑진년(1544, 중종 39) 생. 가구佳丘 거주. 교

　　관敎官. 판서判書 증직.

○ 장경업張慶業: 자 영백榮伯. 갑진년(1544, 중종 39) 생. 의성義城 거주.

○ 금결琴潔: 자 척경滌卿. 갑진년(1544, 중종 39) 생. 예안禮安 거주.

○ 권균權均: 자 평보平甫. 을사년(1545, 인종 1) 생. 모사동茅沙洞 거주.

○ 정사성鄭士誠: 자 자명子明. 을사년(1545, 인종 1) 생. 마암馬巖 거주. 진

　　사進士. 현감縣監. 호 지헌芝軒. 학암리사鶴巖里社에 향사.

○ 권형權詗: 자 사명士明. 을사년(1545, 인종 1) 생. 가야佳野 거주.

○ 이전李㙉: 자 사후士厚. 을사년(1545, 인종 1) 생. 영천榮川 거주.

○ 안몽주安夢周: 자 경성景聖. 을사년(1545, 인종 1) 생. 임하臨河 거주. 훈

　　도訓導.

○ 김득렴金得礦: 자 치정致精. 을사년(1545, 인종 1) 생. 구담九潭 거주.

임오년 생원 · 진사합격. 호 도봉道峯.

○ 김경란金慶鸞: 자 운로雲老. 을사년(1545, 인종 1) 생. 가야佳野 거주.

○ 권희權暿: 자 군회君晦. 을사년(1545, 인종 1) 생. 도지촌道只村 거주. 참
　　　판參判 증직. 호 송와松窩.

○ 허응주許應周: 자 몽길夢吉. 병오년(1546, 명종 1) 생. 구담九潭 거주.

○ 박세룡朴世龍: 자 계운季雲. 병오년(1546, 명종 1) 생. 영해寧海 거주.

○ 정백준鄭伯俊: 자 군언君彦. 정미년(1547, 명종 2) 생. 모사동茅沙洞 거주.

○ 김익金翌: 자 현보顯甫. 정미년(1547, 명종 2) 생. 구담九潭 거주.
　　　경인庚寅년에 생원生員시에 합격. 참봉參奉. 호 우암愚巖.

○ 남치정南致貞: 자 장중藏仲. 정미년(1547, 명종 2) 생. 안동부 부내府內 거주.

○ 김기金圻: 자 지숙止叔. 정미년(1547, 명종 2) 생. 예안禮安 거주. 참봉參奉.
　　　호 북애北厓.

○ 신천민申天民: 자 사선士先. 정미년(1547, 명종 2) 생. 영해寧海 거주.

○ 권눌權訥: 자 사민士敏. 정미년(1547, 명종 2) 생. 가야佳野 거주.
　　　계유癸酉년 진사進士시 합격. 호 매헌梅軒.

○ 금순선琴順先: 자 여약汝若. 정미년(1547, 명종 2) 생. 내성乃城 거주. 봉
　　　사奉事.

○ 이탄李坦: 자 사평士平. 정미년(1547, 명종 2) 생. 영천榮川 거주.

○ 안만해安萬諧: 자 여화汝和. 정미년(1547, 명종 2) 생. 임하臨河 마읍馬邑
　　　거주.

○ 정희성鄭希聖: 자 경지敬之. 무신년(1548, 명종 3) 생. 모사동茅沙洞 거주.

○ 신준민申俊民: 자 사수士秀. 무신년(1548, 명종 3) 생. 영해寧海 거주. 호 설월당雪月堂.

○ 손흥례孫興禮: 자 군립君立. 무신년(1548, 명종 3) 생. 화곡花谷 거주. 정 묘년 생원生員. 호 삼성당三省堂.

○ 배완裵琬: 자 경윤景潤. 기유년(1549, 명종 4) 생. 임하臨河 벌어伐於 거주.

○ 권산두權山斗: 자 군앙君仰. 경술년(1550, 명종 5) 생. 영천榮川 거주.

○ 이신李信: 자 사립士立. 신해년(1551, 명종 6) 생. 가야佳野 거주.

○ 손수희孫守禧: 자 □□. 신해년(1551, 명종 6) 생. 물야勿野 거주.

○ 이몽리李夢鯉: 자 문서文瑞. 신해년(1551, 명종 6) 생. 가마加麻 거주.

○ 남의록南義祿: 자 계수季綏. 신해년(1551, 명종 6) 생. 영해寧海 거주. 주 부主簿.

○ 남유南瑜: 자 사미士美. 신해년(1551, 명종 6) 생. 신양新陽 거주.

○ 김지金址: 자 경건景建. 신해년(1551, 명종 6) 생. 예안禮安 거주. 판사判事.

○ 권위權暐: 자 숙회叔晦. 임자년(1552, 명종 7) 생. 도지촌道只村 거주. 문 과文科. 정랑正郎. 호 옥봉玉峯. 도계리사道溪里祠에 향사.

○ 박흡朴洽: 자 희원希源. 임자년(1552, 명종 7) 생. 기사리棄仕里 거주.

○ 안발安潑: 자 달원達源. 임자년(1552, 명종 7) 생. 구담九潭 거주. 호 지암 芝巖.

○ 이양복李陽復: 자 선초善初. 임자년(1552, 명종 7) 생. 가마加麻 거주.

○ 우광선禹光先: 자 자술子述. 임자년(1552, 명종 7) 생. 임하臨河 본곡本谷 거주.

○ 이덕승李德承: 자 백거伯據. 계축년(1553, 명종 8) 생. 예안禮安 거주.

○ 조승선趙承先: 자 언술彦述. 계축년(1553, 명종 8) 생. 임하臨河 벌어伐於
　　　거주.

○ 손집孫緝: 자 비승丕承. 계축년(1553, 명종 8) 생. 영해寧海 거주.

○ 주식朱植: 자 경립景立. 계축년(1553, 명종 8) 생. 영해寧海 거주. 호 어대
　　　魚臺.

○ 김순룡金舜龍: 자 여윤汝允. 계축년(1553, 명종 8) 생. 진보眞寶 거주. 호
　　　어천漁川.

○ 황용변黃龍變: 자 □□. 계축년(1553, 명종 8) 생. 영해寧海 거주.

○ 권득설權得說: 자 미도味道. 계축년(1553, 명종 8) 생. 안동부 동쪽 송천松
　　　川 거주.

○ 심겸沈謙: 자 익지益之. 갑인년(1554, 명종 9) 생. 재산才山 거주.

○ 구충윤具忠胤: 자 윤보允甫. 갑인년(1554, 명종 9) 생. 모사동茅沙洞 거주.
　　　별좌別坐.

○ 안영安泳: 자 □□. 갑인년(1554, 명종 9) 생. 구담九潭 거주.

○ 우석록禹錫祿: 자 계수季綬. 갑인년(1554, 명종 9) 생. 안동부 동쪽 사곡寺
　　　谷 거주.

○ 권득윤權得尹: 자 □□. 갑인년(1554, 명종 9) 생. 안동부 동쪽 사곡寺谷
　　　거주.

○ 이진李珎: 자 옥이玉爾. 을묘년(1555, 명종 10) 생. 풍산豊山 거주. 주부主
　　　簿. 호 시은市隱.

○ 권두장權斗章: 자 □□. 을묘년(1555, 명종 10) 생. 풍기豊基 거주.

○ 김득연金得硏: 자 여정汝精. 을묘년(1555, 명종 10) 생. 이계伊溪 거주.
임자년(1612, 광해군 4) 생원·진사. 호 갈봉葛峯.

○ 이영춘李榮春: 자 여화汝華. 을묘년(1555, 명종 10) 생. 영해寧海 거주. 호
연화烟花.

○ 박의장朴毅長: 자 사강士剛. 을묘년(1555, 명종 10) 생. 영해寧海 거주.
무과에 급제하여 병사兵使를 지냄. 호조판서戶曹判書에
추증됨.
시호는 무의공武毅公이며 호는 청신淸愼. 구봉서원九峯書
院에 배향.

○ 이충절李忠節: 자 □□. 을묘년(1555, 명종 10) 생. 영천榮川 거주.

○ 권득가權得可: 자 시중時中. 병진년(1556, 명종 11) 생. 가탄嘉灘 거주. 호
만회晩晦.

○ 권경생權慶生: 자 중시仲時. 병진년(1556, 명종 11) 생. 가구佳丘 거주.

○ 정중준鄭仲俊: 자 군영君英. 병진년(1556, 명종 11) 생. 장수동長水洞 거주.

○ 이경리李景鯉: 자 군서君瑞. 병진년(1556, 명종 11) 생. 가마加麻 거주.

○ 김안계金安繼: 자 순백順伯. 병진년(1556, 명종 11) 생. 일직一直 거주. 주
부主簿. 호 매은梅隱.

○ 박종윤朴宗胤: 자 □□. 병진년(1556, 명종 11) 생. 군읍郡邑 거주.

○ 박대윤朴大胤: 자 사술士述. 병진년(1556, 명종 11) 생. 군읍 거주.

○ 구선윤具善胤: 자 유보裕甫. 병진년(1556, 명종 11) 생. 모사동茅沙洞 거주.

○ 안몽려安夢呂: 자 군망君望. 병진년(1556, 명종 11) 생. 안동부 동쪽 사곡
　　　寺谷 거주.

○ 박응천朴應天: 자 희실希實. 병진년(1556, 명종 11) 생. 영해寧海 거주.

○ 이규李圭: 자 군신君信. 정사년(1557, 명종 12) 생. 영천榮川 거주.

○ 김강金堈: 자 기중器仲. 정사년(1557, 명종 12) 생. 예안禮安 거주.
　　　신묘년(1591, 선조 24) 생원. 찰방察訪.

○ 류한柳漢: 자 천장天章. 정사년(1557, 명종 12) 생. 용궁龍宮 거주.

○ 김여길金餘吉: 자 계상季祥. 정사년(1557, 명종 12) 생. 임하臨河 벌어伐於
　　　거주.

○ 이위李偉: 자 사호士豪. 무오년(1558, 명종 13) 생. 가야佳野 거주.

○ 남인수南仁壽: 자 영로榮老. 무오년(1558, 명종 13) 생. 서간西澗 거주.

○ 구성윤具誠胤: 자 일보一甫. 무오년(1558, 명종 13) 생. 사리沙里 거주.

○ 박우朴珝: 자 백옥伯玉. 무오년(1558, 명종 13) 생. 사리沙里 거주.

○ 권산해權山海: 자 대수大受. 무오년(1558, 명종 13) 생. 예안禮安 거주.

○ 남방언南邦彦: 자 □□. 무오년(1558, 명종 13) 생. 일직一直 거주.

○ 안호安浩: 자 □□. 무오년(1558, 명종 13) 생. 풍산豊山 거주.

○ 남정방南靖邦: 자 □□. 무오년(1558, 명종 13) 생. 영해寧海 거주.

○ 조승서趙承緖: 자 □□. 무오년(1558, 명종 13) 생. 임하臨河의 벌어伐於
　　　거주.

○ 류하룡柳河龍: 자 숙현叔見. 기미년(1559, 명종 14) 생. 풍기豊基 거주.

○ 정계준鄭季俊: 자 여언汝彦. 기미년(1559, 명종 14) 생. 모사동茅沙洞 거주.

○ 장중기張中機: 자 군성君省. 경신년(1560, 명종 15) 생. 일직一直 거주.

○ 박세윤朴世胤: 자 비술丕述. 경신년(1560, 명종 15) 생. 군읍 거주.

○ 남희식南希栻: 자 이경而敬. 경신년(1560, 명종 15) 생. 일직一直 거주.

○ 권종가權從可: 자 집중執中. 경신년(1560, 명종 15) 생. 가야佳野 거주.

○ 이지李遲: 자 기성器成. 경신년(1560, 명종 15) 생. 안동부 부내 거주. 참
　　의參議.

○ 박전朴澱: 자 희청希淸. 경신년(1560, 명종 15) 생. 기사리棄仕里 거주.

○ 안섭安涉: 자 여주汝舟. 신유년(1561, 명종 16) 생. 구담九潭 거주.

○ 신지효申之孝: 자 달부達夫. 신유년(1561, 명종 16) 생. 의성義城 거주. 임
　　진년 왜란에 죽었다. 죽을 적에 혈서를 동생에게 보내어
　　나라를 위해 죽을 것을 권면하였다.

○ 우치근禹致勤: 자 자일子逸. 신유년(1561, 명종 16) 생. 임하臨河의 본곡本
　　谷 거주. 호 남계南溪.

○ 김득숙金得礑: 자 익정益精. 신유년(1561, 명종 16) 생. 가야佳野 거주. 호
　　만취晩翠.

○ 배삼외裵三畏: 자 여경汝敬. 신유년(1561, 명종 16) 생. 내성乃城 거주.

○ 손흥겸孫興謙: 자 군익君益. 임술년(1562, 명종 17) 생. 석산石山 거주.

○ 우치문禹致文: 자 여부汝敷. 임술년(1562, 명종 17) 생. 임하臨河의 본곡本
　　谷 거주.

○ 신지제申之悌: 자 순부順夫. 임술년(1562, 명종 17) 생. 의성義城 거주. 기
　　축년(1589, 선조 22) 문과 급제. 인조仁祖가 반정하고 승지

承旨에 임명하였지만 나가지 않았음.

참판參判 증직. 장대서원藏待書院에 배향. 호 오봉梧峯.

○ 박중윤朴仲胤: 자 경술景述. 임술년(1562, 명종 17) 생. 군읍 거주. 계묘년
(1603, 선조 36) 생원. 호 낙애洛涯.

○ 최현룡崔見龍: 자 덕시德施. 임술년(1562, 명종 17) 생. 군읍 거주.

○ 권극창權克昌: 자 찬숙纘叔. 임술년(1562, 명종 17) 생. 가야佳野 거주.

○ 남흥달南興達: 자 현경顯卿. 임술년(1562, 명종 17) 생. 일직一直 거주.

○ 이준李遵: 자 헌성憲成. 임술년(1562, 명종 17) 생. 안동부 부내 거주.

○ 김광도金光道: 자 사수士修. 임술년(1562, 명종 17) 생. 예안禮安 거주.

○ 남희백南希栢: 자 □□. 임술년(1562, 명종 17) 생. 일직一直 거주.

○ 조대승趙大承: 자 □□. 임술년(1562, 명종 17) 생. 임하 벌어伐於 거주.

○ 김개명金介明: 자 □□. 임술년(1562, 명종 17) 생. 영천榮川 거주.

○ 여준민呂俊民: 자 □□. 임술년(1562, 명종 17) 생. 내성乃城 거주.

○ 배근裵瑾: 자 사보士寶. 갑자년(1564, 명종 19) 생. 가야佳野 거주.

○ 김득론金得碖: 자 경장景章. 갑자년(1564, 명종 19) 생. 구담九潭 거주.

○ 김개일金介一: 자 수도守道. 갑자년(1564, 명종 19) 생. 영천榮川 거주.

○ 배삼계裵三戒: 자 여신汝愼. 갑자년(1564, 명종 19) 생. 내성乃城 거주.

○ 권흥인權興仁: 자 안백安伯. 갑자년(1564, 명종 19) 생. 송응松鷹 거주.

○ 권강權杠: 자 공거公舉. 갑자년(1564, 명종 19) 생. 풍산豊山 거주. 기축년
생원.
천거로 세마洗馬에 제수. 호 방담方潭. 운계리사雲溪里社에 향

사됨.

○ 김득립金得砬: 자 응정應精. 갑자년(1564, 명종 19) 생. 구담九潭 거주.

○ 안철安澈: 자 □□. 갑자년(1564, 명종 19) 생. 구담九潭 거주.

○ 박곤朴琨: 자 중옥仲玉. 갑자년(1564, 명종 19) 생. 영천榮川 거주.

○ 권용가權用可: 자 택중擇中. 갑자년(1564, 명종 19) 생. 가야佳野 거주.

○ 김광찬金光纘: 자 찬중纘仲. 갑자년(1564, 명종 19) 생. 예안禮安 거주.

○ 이거李琚: 자 군옥君玉. 갑자년(1564, 명종 19) 생. 가구佳丘 거주.

○ 안석룡安錫龍: 자 군회君會. 갑자년(1564, 명종 19) 생. 사곡寺谷 거주.

○ 김성윤金成潤: 자 □□. 갑자년(1564, 명종 19) 생. 영천榮川 거주.

○ 남융달南隆達: 자 현언顯彦. 을축년(1565, 명종 20) 생. 일직一直 거주. 좌
　　　승지 증직.

○ 남태화南太華: 자 사진士鑌. 을축년(1565, 명종 20) 생. 일직一直 거주. 호
　　　운간雲磵.

○ 조대인趙大仁: 자 □□. 을축년(1565, 명종20) 생. 임하臨河 벌어伐於 거주.

○ 손흥세孫興世: 자 여준汝俊. 을축년(1565, 명종 20) 생. 의성義城 거주.

○ 구협具浹: 자 □□. 을축년(1565, 명종 20) 생. 영천榮川 거주.

○ 이적李適: 자 입부立夫. 병인년(1566, 명종 21) 생. 안동부 부내府內 거주.

○ 김인길金仁吉: 자 길보吉甫. 병인년(1566, 명종 21) 생. 가야佳野 거주.

○ 신지신申之信: 자 입부立夫. 병인년(1566, 명종 21) 생. 풍산豊山 거주.
　　　행적이 『문소지聞詔誌』에 보임.

○ 남경괄南景适: 자 근부謹夫. 병인년(1566, 명종 21) 생. 의성義城 거주.

○ 장희재張希載: 자 사철思哲. 병인년(1566, 명종 21) 생. 의성義城 거주.

○ 신협申浹: 자 택원澤遠. 병인년(1566, 명종 21) 생. 태장苔藏 거주.

○ 남산수南山壽: 자 □□. 병인년(1566, 명종 21) 생. 사곡寺谷 거주.

○ 윤동현尹東賢: 자 희성希聖. 병인년(1566, 명종 21) 생. 예안禮安 거주.

○ 안경택安景澤: 자 사홍士洪. 무진년(1568, 선조 1) 생. 가구佳丘 거주. 예
　　조판서 증직.

○ 박태형朴泰亨: 자 응회應會. 무진년(1568, 선조 1) 생. 의성義城 거주.

○ 김성택金成澤 : 자 이회而晦. 무진년(1568, 선조 1) 생. 영천榮川 거주.

○ 이엄李儼: 자 사각士恪. 무진년(1568, 선조 1) 생. 진보眞寶 거주.

○ 권수權守: 자 □□. 무진년(1568, 선조 1) 생. 우두산牛頭山 거주.

○ 박문윤朴文潤: 자 사빈士彬. 무진년(1568, 선조 1) 생. 의흥義興 거주. 호
　　성곡星谷.

○ 정여익丁汝翼: 자 □□. 무진년(1568, 선조 1) 생. 의성義城 거주.

○ 조일도趙一道: 자 관부貫夫. 고친 이름은 수도守道, 고친 자는 경망景望.
　　무진년(1568, 선조 1) 생. 청송靑松 거주.

○ 신집申緝: 자 □□. 무진년(1568, 선조 1) 생. 의성義城 거주.

○ 권혼權混: 자 경원景源. 무진년(1568, 선조 1) 생. 가구佳丘 거주.

○ 이영욱李永郁: 자 문원文遠. 무진년(1568, 선조 1) 생. 가야佳野 거주.

○ 조승원趙承元: 자 인술仁述. 무진년(1568, 선조 1) 생. 벌어伐於 거주.

○ 옥무점玉無砧: 자 □□. 무진년(1568, 선조 1) 생. 길안吉安 거주.

○ 김인金訒: 자 인부忍夫. 무진년(1568, 선조 1) 생. 구담九潭 거주.

○ 김우인金友仁: 자 자보子輔. 무진년(1568, 선조 1) 생. 영천榮川 거주. 교수敎授를 지냄.

○ 남태별南太別: 자 자기子紀. 무진년(1568, 선조 1) 생. 일직一直 거주. 호 청천晴川.

○ 권태일權泰一: 자 수지守之. 기사년(1569, 선조 2) 생. 가구佳丘 거주. 호 장곡藏谷. 진사進士. 문과급제. 참판.

○ 조건趙健: 자 여강汝强. 기사년(1569, 선조 2) 생. 영양英陽 거주.

○ 남기룡南起龍: 자 운서雲瑞. 기사년(1569, 선조 2) 생. 길안吉安 거주.

○ 이형李逈: 자 근부近夫. 기사년(1569, 선조 2) 생. 안동부 부내府內 거주. 호 경암警嚴.

○ 권종權宗: 자 여흥汝興. 기사년(1569, 선조 2) 생. 가야佳野 거주.

○ 장천복張天福: 자 □□. 기사년(1569, 선조 2) 생. 예천醴泉 거주.

○ 류종柳淙: 자 □□. 기사년(1569, 선조 2) 생. 구담九潭 거주.

○ 이흡李洽: 자 □□. 기사년(1569, 선조 2) 생. 구담九潭 거주.

○ 류호柳浩: 자 □□. 기사년(1569, 선조 2) 생. 구담九潭 거주.

○ 김득의金得礒: 자 의정義精. 경오년(1570, 선조 3) 생. 풍산 거주. 호 청취晴翠.

○ 정석윤鄭錫胤: 자 술부述夫. 경오년(1570, 선조 3) 생. 모사동茅沙洞 거주.

○ 금진琴振: 자 성원聲遠. 경오년(1570, 선조 3) 생. 내성乃城 거주.

○ 이건李建: 자 지성志成. 경오년(1570, 선조 3) 생. 부내府內 거주.

○ 권우직權友直: 자 경보敬甫. 신미년(1571, 선조 4) 생. 가야佳野 거주. 호

화잠花岑.

○ 조대수趙大修: 자 이술而述. 신미년(1571, 선조 4) 생. 벌어伐於 거주.

○ 이순李淳: 자 □□. 신미년(1571, 선조 4) 생. 구담九潭 거주.

○ 금발琴撥: 자 자개子開. 계유년(1573, 선조 6) 생. 오천烏川 거주. 호 수정
　　재守靜齋.

○ 박문엄朴文淹: 자 사중士中. 갑술년(1574, 선조 7) 생. 의흥義興 거주. 정
　　사년 생원. 호 성암星巖. 효성에 감응이 있었음.

○ 권우량權友亮: 자 신보信甫. 을해년(1575, 선조 8) 생. 가야佳野 거주.

○ 인지룡印之龍: 자 □□. 을해년(1575, 선조 8) 생. 영천榮川 거주.

○ 인지구印之龜: 자 □□. 을해년(1575, 선조 8) 생. 영천榮川 거주.

○ 조준도趙遵道: 자 경행景行. 병자년(1576, 선조 9) 생. 청송靑松 거주. 주
　　부主簿. 호 방호方壺.

○ 이성욱李誠郁: 자 문일文一. 정축년(1577, 선조 10) 생. 가야佳野 거주.

○ 이시욱李時郁: 자 문백文伯. 정축년(1577, 선조 10) 생. 가야佳野 거주.

참고문헌

『영가지』
『갈봉선생문집』
『유일재선생실기』

김시황, 「유일재 김언기 선생의 생애와 학문 및 교육」, 『퇴계학과 유교문
　　　화』30, 경북대학교 퇴계연구소, 2001.

김용직, 「갈봉 김득연의 작품과 생애」, 『창작과 비평』7-1, 창작과 비평사,
　　　1972.

김정기 옮김, 『용산세고』(영남선현문집국역총서 2), 한국국학진흥원,
　　　2011.

김종석, 「갈봉 김득연의 학문과 사상」, 『퇴계학과 유교문화』30, 경북대학
　　　교 퇴계연구소, 2001.

김종석, 「도산급문제현록과 퇴계 학통 제자의 범위」, 『한국의 철학』26, 경
　　　북대학교 퇴계연구소, 1998.

김학수, 「여강서원과 영남학통 -17세기 초반의 廟享論議-」, 『조선시대의
　　　사회와 사상』, 조선사연구회, 1998.

박영호, 「유일재 김언기의 삶과 문학세계」, 『퇴계학과 유교문화』30, 경북
　　　대학교 퇴계연구소, 2001.

박정희, 「갈봉 김득연의 도학시 연구」, 『한국사상과 문화』70, 한국사상문
　　　화학회, 2013.

설석규, 「17세기 안동사림의 계파분화와 서원동향」, 『애산학보』29, 애산
　　　학회, 2003.

설석규, 「유일재 김언기의 학풍과 학맥」, 『퇴계학과 유교문화』30, 경북대
　　　학교 퇴계연구소, 2001.

심재완, 『定本 時調大全』, 일조각, 1984.

육민수, 「김득연 문학작품의 특성-시족작품을 중심으로-」, 『반교어문연구』17, 반교어문학회, 2004.

윤동원, 「유일재 김언기의 문인록 小考」. 『디지틀도서관』67, 한국디지틀도서관포럼, 2012.

이구의, 「갈봉 김득연의 〈지수정〉 시와 〈지수정가〉 고」, 『남명학연구』12, 경상대학교 남명학연구소, 2002.

이구의, 「갈봉 김득연의 문학세계」, 『퇴계학과 유교문화』30, 경북대학교 퇴계연구소, 2001.

이종호 외, 『안동의 선비문화』, 아세아문화사, 1997.

한국국학진흥원, 『광산김씨 유일재종택』(한국국학진흥원소장 국학자료목록집 10), 2011.